Karen McCreadie
Napoleon Hills *Denke nach und werde reich*

Karen McCreadie

Napoleon Hills
Denke nach und werde reich

52 brillante Ideen für Ihr Business

Aus dem Englischen
von Nikolas Bertheau

© der englischen Originalausgabe: The Infinite Ideas Company 2008
Die englische Ausgabe erschien unter dem Titel:
»Napoleon Hill's Think and Grow Rich. A 52 Brilliant Ideas Interpretation by Karen McCreadie«

Bibliografische Information der Deutschen Nationalbibliothek

Die Deutsche Nationalbibliothek verzeichnet diese Publikation in der Deutschen Nationalbibliografie; detaillierte bibliografische Informationen sind im Internet über http://dnb.d-nb.de abrufbar.

ISBN 978-3-86936-062-1

© 2010 GABAL Verlag GmbH, Offenbach

Projektleitung: Ute Flockenhaus
Satz und Layout: Das Herstellungsbüro, Hamburg |
  www.buch-herstellungsbuero.de
Umschlaggestaltung: Martin Zech Design, Bremen |
  www.martinzech.de
Druck: Salzland Druck, Staßfurt

Alle Rechte vorbehalten. Vervielfältigungen, auch auszugsweise, nur mit schriftlicher Genehmigung des Verlags.
www.gabal-verlag.de

Inhalt

	Einführung	8
1	Definieren Sie Ihr Lebensziel	10
2	Das Glück kommt durch die Hintertür	12
3	Die Macht der Gedanken	14
4	Erweitern Sie Ihren Wortschatz	16
5	Seien Sie unvoreingenommen	18
6	Wenn der Glaube Berge versetzt	20
7	Die allumfassende Vernunft macht keine Unterschiede	22
8	Versuchen Sie es richtig oder gar nicht	24
9	Seien Sie ein praktischer Träumer	26
10	Die Religion hat den Glauben nicht gepachtet	28
11	Entwickeln Sie Glauben durch Visualisierung	30
12	Nutzen Sie Ihre Gefühle	32
13	Pech gibt es nicht	34
14	Kooperation statt einsamer Macher an der Spitze	36
15	Der Türsteher in Ihrem Kopf	38
16	Himmel und Hölle: hier und jetzt erreichbar	40
17	Wonach suchen Sie?	42
18	Bildung ersetzt nicht Intelligenz	44

19	Der Sympathiefaktor	46
20	Zum Lernen ist es nie zu spät	48
21	Machen Sie von Ihrer Fantasie Gebrauch	50
22	Visionäre und Macher	52
23	Wenn der erste Plan scheitert …	54
24	Durchhaltevermögen	56
25	Seien Sie mutig	58
26	Disziplin und Gerechtigkeit	60
27	Unbeirrbarkeit	62
28	Übertreffen Sie die Erwartungen und arbeiten Sie an Ihrer Persönlichkeit	64
29	Entwickeln Sie Verständnis für Ihre Mitarbeiter	66
30	Der Teufel steckt im Detail	68
31	Übernehmen Sie Verantwortung	70
32	Kooperieren Sie mit anderen	72
33	Wählen Sie Ihre Lektüre sorgfältig aus	74
34	Jeder kann sich verändern, wenn er will	76
35	Treffen Sie eine Entscheidung und halten Sie an ihr fest	78
36	Beharrlichkeit und Ausdauer	80
37	Nur Verlierer geben auf	82
38	Ausdauer kontra sinnlose Sturheit	84
39	Eine Gruppe führender Köpfe	86
40	Die Umwandlung der Geschlechtskraft	88
41	Die Bedeutung emotionalisierten Denkens	90
42	Steuern Sie Ihre Gedanken mit Ihrer Willenskraft	92

43	Was haben Sie alles gespeichert?	94
44	Das Unterbewusstsein schläft nie	96
45	Das Gehirn – ein Rätsel	98
46	Telepathie	100
47	Eingebungen	102
48	Meditation	104
49	Beschäftigen Sie einen unsichtbaren Ratgeber	106
50	Erfüllen Sie Ihren heiligen Vertrag	108
51	Die sechs Gespenster der Angst	110
52	Das siebte Grundübel: negative Einflüsse	112
	Zusammenfassung	114
	Quellenhinweise	116
	Register	122

Einführung

Als Napoleon Hill seinem Büchlein *Denke nach und werde reich* den letzten Schliff verpasste, konnte auch der Vater des positiven Denkens nicht ahnen, welche Wirkung es dereinst entfalten würde.

Es ist die Ursache dafür, dass Menschen Seminare im Stile der Erweckungsbewegung besuchen, in denen sie dann über heiße Kohlen laufen oder mit der Hand in Karatemanier Holzscheite spalten. Es ist die Ursache dafür, dass Menschen für die Qualität ihres Lebens vielleicht weniger Glück und Fügung verantwortlich machen als vielmehr die Gedanken, die sie gewöhnlich hegen; sie suchen nun alternative Antworten auf die verwirrendsten Fragen des Lebens.

Napoleon Hill wurde von dem reichen Industriellen Andrew Carnegie gebeten, das Phänomen des Erfolgs zu untersuchen und eine Philosophie der Erfolgsprinzipien zu entwickeln. Hill nahm die Herausforderung an und widmete ihr sein Leben. Es gelang ihm, sich Zugang zu Führungspersönlichkeiten wie Henry Ford, Charles Schwab, John Rockefeller, Thomas Edison und Theodore Roosevelt zu verschaffen. *Denke nach und werde reich* erschien erstmals im Jahr 1937 und markierte die Geburt einer Milliardenbranche. Keiner weiß, wie Hill zur Coachingszene moderner Prägung stünde, wo sich unter den seriösen Rednern und Trainern auch zahlreiche Quacksalber tummeln, die den Massen etwas mehr Selbstbewusstsein beizubringen versuchen.

Die Originalversion von *Denke nach und werde reich* ist ein Klassiker, der in 13 Schritten beschreibt, wie jeder, der nur wirklich will, zu Reichtum kommen kann. Hills Ratschläge betreffen im Prinzip Träume jeder Art, aber Titel wie »Denke nach und werde mit deiner Jugendband berühmt« oder »Denke nach und erwirb ein Ferienhaus mit vier Schlafzimmern« hätten nun einmal nicht dieselbe Zugkraft gehabt.

So manches von dem, was Hill da empfiehlt, entspricht nicht den konventionellen Gepflogenheiten. Es erforderte einigen Mut, so etwas unzensiert in Druck zu geben – besonders vor über 70 Jahren! Faszinierend bleibt jedoch, dass es trotz mancher seltsamen Abschweifung schon damals von einigen höchst einflussreichen Persönlichkeiten gelobt und seither in vielen seiner Aussagen wissenschaftlich bestätigt wurde. Das vorliegende Büchlein versteht sich als Begleitlektüre. Es will das 1937 erschienene Original nicht ersetzen, sondern 52 seiner wichtigsten Ideen mit Fallstudien und wissenschaftlichen Erkenntnissen illustrieren.

Ich selbst habe viel Zeit und Geld in die Branche investiert, die Hill – unbeabsichtigt – begründet hat. Ich habe mit so manchem »Guru« zusammengearbeitet und sogar einen Feuerlauf absolviert, ohne mir die kleinste Brandblase zuzuziehen. Ich habe mich mithilfe der hillschen Konzepte beruflich umorientiert und bin heute eine professionelle Autorin, deren Bücher und Texte in aller Welt gelesen werden.

Unzählige Seminare, Bücher und DVDs versprechen, dieses oder jenes »Geheimnis« zu lüften. Schaut man dann genauer hin, ist die Ausbeute eher mager. Der einzige Ansatzpunkt, um unsere Realität zu verändern und unserem grauen Alltag einen Silberschein zu verpassen, befindet sich in den 15 Zentimetern zwischen unseren Ohren. Nur indem wir lernen, unseren Kopf gezielt einzusetzen, können wir die Qualität unseres Lebens signifikant verbessern. Und von ebendieser simplen Wahrheit handeln *Denke nach und werde reich* und die vielen von diesem Buch inspirierten Nachfolger. Diese Fähigkeit trennt die Erfolgreichen von den Übrigen – in der Wirtschaft ebenso wie in der Liebe oder im Sport.

Obgleich Hill ständig vom »Geheimnis« spricht, betont er zugleich, dass ein solches nicht existiert – weder als Geheimformel einer mysteriösen Sekte mit einer Vorliebe für Ziegen und alles Gelbe noch als lange verschollenes und nun zum ersten Mal wieder zugängliches Geheimwissen, dessen Sie sich für drei Raten à 499,95 Euro noch heute bemächtigen können. Nein, Sie brauchen nichts weiter zu tun, als *nachzudenken und reich zu werden.*

1 Definieren Sie Ihr Lebensziel

Hill beginnt seine Ausführungen mit den Worten: »*Es ist wahr, ›Gedanken sind Taten‹, sind sogar machtvolle Taten, sobald sich ein bestimmter Vorsatz, Ausdauer und der brennende Wunsch verbinden und in Reichtum oder anderen materiellen Besitz umwandeln.*« Laut Hill lässt sich ohne klare Zielvorstellung nichts erreichen, was von Wert wäre.

Als Präsident Kennedy am 25. Mai 1961 der Welt verkündete, die USA würden vor Ablauf des Jahrzehnts den Weltraum erobern, war eindeutig »*Vorsatz*« im Spiel. Erster Mensch im Weltraum war bereits Juri Gagarin aus der Sowjetunion, und nichts deutete darauf hin, dass die USA die Sowjetunion im Weltraum überholen könnten. Aber Kennedy war fest entschlossen und versprach sich von der Verwirklichung eines ehrgeizigen Ziels eine Erneuerung des amerikanischen Nationalstolzes. Am 20. Juli 1969 wurde aus Kennedys Ziel Wirklichkeit: als Apollo-11-Kommandant Neil Armstrong von der Leiter der Landekapsel auf die Mondoberfläche trat.

Auch Gandhi hatte ein Lebensziel, nämlich die Vertreibung der Briten aus Indien – und zwar ohne Gewalt. Hill bezeichnete ihn als den wohl mächtigsten Menschen, der jemals gelebt hat. Auch in den rund 70 Jahren, die seither vergangen sind, gab es kaum jemanden, der ihm diesen Titel hätte streitig machen können. Gandhi brachte 200 Millionen Menschen dazu, sich im gewaltlosen Widerstand zusammenzuschließen. Auch seine mehrmalige Inhaftierung änderte nichts daran, dass sein ziviler Ungehorsam Indien schließlich im Jahr 1947 die Unabhängigkeit brachte.

Eine klare Zielvorstellung ist unerlässlich. In einer berühmten Untersuchung an Yale-Studenten ermittelten Forscher, dass nur drei Prozent von ihnen ihre Ziele schriftlich festgehalten hatten und über einen Plan verfügten, wie

> Vor allem sollten Sie sich nicht verzetteln. Setzen Sie sich ein legitimes und nützliches Ziel und widmen Sie sich ihm mit ganzer Kraft.
> JAMES ALLEN

sie diese Ziele erreichen wollten. 20 Jahre später befragten die Forscher die ehemaligen Studenten erneut und kamen zu dem Ergebnis, dass jene drei Prozent finanziell besser aufgestellt waren als die übrigen 97 Prozent zusammen.

Das hängt auch mit der Informationsfilterung zusammen. Würden wir uns alle Informationen bewusst machen, mit denen unsere fünf Sinne uns tagaus, tagein bombardieren, würden wir komplett durchdrehen. Die Menge dessen, was wir bewusst wahrnehmen, wird nach Maßgabe unserer Überzeugungen und Einstellungen begrenzt; unsere Wahrnehmung hängt davon ab, was uns jeweils wichtig erscheint. Ist es Ihnen schon einmal so ergangen, dass Sie beschlossen, etwas zu kaufen, sagen wir: ein bestimmtes Auto, und plötzlich überall nur noch Autos dieses Typs sahen? Die Autos waren auch vorher schon da – sie waren nur nicht wichtig für Sie, bevor Sie beschlossen, selbst ein solches zu kaufen, und so wurden sie aus Ihren bewussten Wahrnehmungen herausgefiltert.

Ein klares Ziel wirkt sich also positiv auf Ihre selektive Wahrnehmung aus, sodass Sie ein Auge für Chancen entwickeln, um Ihrem Ziel näherzukommen.

> *Praxistipp*
>
> **Tatsache ist, dass die meisten Menschen keine Vorstellung davon haben, worin ihr Lebenszweck bestehen könnte. Eine Frage, die Ihnen hilft, den Ihrigen zu bestimmen, lautet: »Wenn Zeit und Geld kein Thema wären, was würde ich dann mit meinem Leben anstellen?« Notieren Sie mindestens fünf Punkte. Nicht erlaubt sind dabei Dinge, die Sie *nicht* tun würden, wie beispielsweise: »Ich würde meinen Job kündigen.«**

2 Das Glück kommt durch die Hintertür

Hill zufolge nähert sich uns das Glück häufig in unerwarteter Form und aus unerwarteter Richtung: »*Dies ist einer der Streiche, wie sie das Glück uns mit Vorliebe spielt. Es ist so tückisch, durch die Hintertür hineinzuschlüpfen.*«

Als Al Gore im Jahr 2000 für das US-Präsidentenamt kandidierte, riet ihm sein Stab davon ab, seine Leidenschaft – den Kampf gegen den Klimawandel – zum Thema zu machen, waren doch damals die Hauptsorgen der Menschen ganz andere. Seit seinen Collegetagen ist Gore ein entschlossener Verfechter des Umweltschutzes gewesen. So ist es nicht unwahrscheinlich, dass er die Hoffnung hatte, aus dem Weißen Haus heraus für den Umweltschutz am meisten erreichen zu können. Präsident zu werden, war vielleicht ein Mittel zum Zweck, aber kein Selbstzweck. Auch wenn seine Niederlage gegen George W. Bush von vielen als Ungerechtigkeit empfunden wurde, gibt es keinen Zweifel daran, dass sich hier das Glück durch die Hintertür einschlich. Al Gore hat mit seiner Arbeit nach jenem Wahlkampf und mit seinem viel beachteten Dokumentarfilm *Eine unbequeme Wahrheit* wahrscheinlich mehr für sein eigentliches Ziel erreicht, als es ihm als Präsident möglich gewesen wäre – nur eben anders, als ursprünglich geplant.

Das Imprägnierspray Scotchgard von 3M war ebenfalls das Ergebnis eines Zufalls. Auf der Suche nach einem synthetischen Gummi für Treibstoffleitungen von Flugzeugen verschüttete die 3M-Wissenschaftlerin Patsy Sherman etwas von der Testflüssigkeit auf die Leinenschuhe eines Assistenten. Im Lauf der Zeit zeigte sich dann, dass die Schuhe dort, wo sie von der Flüssigkeit überzogen worden waren, nicht schmutzig wurden. Scotchgard war geboren und schützt

> Wenn sich die Tür zu einer Gelegenheit schließt, öffnet sich eine andere; aber häufig starren wir so lange auf die verschlossene Tür, dass wir die Tür, die sich uns stattdessen öffnet, völlig übersehen.
> HELEN KELLER

seitdem Stoffe und Gewebe jeder Art.

Oder denken Sie an den Schweizer Ingenieur George de Mestral (1907–1990). In den Vierzigerjahren bemerkte er bei einem Waldspaziergang mit seinem Hund Kletten auf seiner Kleidung und staunte über die kleinen Haftvorrichtungen auf den Früchten. Mestral war ein Erfinder und so empfand er den Klettenbefall anders als die meisten Menschen nicht als Plage. Vielmehr eilte er nach Hause, um die blinden Passagiere unterm Mikroskop zu betrachten. Was er fand, war die natürliche Vorlage für den Klettverschluss, wie ihn die Firma Velcro dann entwickelte. Die Kletten hatten kleine Haken, die sich an den Gewebeschlaufen seiner Hosen verfingen. Sie ließen sich nach Belieben abziehen und wieder anheften. Obwohl seine Idee anfangs nicht ernst genommen wurde, entwickelte er sie beharrlich weiter und meldete seinen Entwurf in den Fünfzigerjahren schließlich zum Patent an. Mittlerweile ist aus dem Klettverschluss ein Millionengeschäft geworden.

Während eine klare Zielvorstellung unerlässlich ist, warnt Hill davor, sich in der Wahl des Weges, wie dieses Ziel zu erreichen ist, allzu sehr festzulegen. Wenn Sie stur an Ihren Plänen festhalten, verpassen Sie möglicherweise großartige Chancen, die Ihnen als Unglück oder vorläufige Niederlage verkleidet über den Weg laufen.

Praxistipp

Sobald Sie herausgefunden haben, was Sie erreichen wollen, und sich einen Plan gemacht gehabt, wie Sie dieses Ziel erreichen wollen, sollten Sie nach Chancen und Gelegenheiten Ausschau halten, die als vermeintliche Rückschläge getarnt daherkommen oder Sie aus einer unerwarteten Richtung ereilen. Überlegen Sie sich bei jeder Niederlage, die Sie erleiden, und bei jedem Missgeschick, das Ihnen widerfährt, fünf mögliche Vorteile, die Ihnen daraus erwachsen könnten. Denken Sie gut nach!

3 Die Macht der Gedanken

Wer für sich eine Erfolgsformel entwickelt hat und sie auch nutzt, wird erkennen, so Napoleon Hill, dass der größte Besitz, den er auf diese Weise erwirbt, nicht das Geld ist, sondern »*festgefügte Kenntnisse, deren unfaßbare Impulse sein Denken verwandeln und ihn mit der Fähigkeit belohnen, sein Wissen von diesen Prinzipien auch anzuwenden*«.

Die klassische newtonsche Physik basiert auf Beobachtungen der Welt um uns herum. Sie hat uns sehr geholfen, das Verhalten von Dingen zu messen und vorherzusagen, die wir mit unseren Sinnen wahrnehmen können, etwa von fallenden Äpfeln oder von Planeten auf ihren Umlaufbahnen. Nachdem sich die Physiker bis Ende des 18. Jahrhunderts vorwiegend mit den großen Dingen beschäftigt hatten, richteten sie ihren Blick fortan vermehrt auf die kleinen Dinge. Dabei stellten sie fest, dass die newtonsche Physik auf der subatomaren Ebene an ihre Grenzen kam. Offensichtlich gab es zwei Arten von Gesetzen, die die Welt regierten.

Auf der subatomaren Ebene – wenn Materie in ihre kleinsten Bestandteile zerlegt wird – konnten Teilchen auf einmal gleichzeitig an mehreren Orten sein. Ein Teilchen konnte je nachdem, wonach die Wissenschaftler suchten, als Teilchen oder als Welle in Erscheinung treten, womit wir bei der beunruhigendsten Erkenntnis der Quantenphysik wären: Indem wir beobachten, verändern wir das Beobachtete. Und um dem Ganzen die Spitze aufzusetzen: Wenn wir Teilchen A beeinflussen, reagiert Teilchen B unverzüglich, selbst wenn beide sehr weit voneinander entfernt sind.

Das machte Einstein stutzig, denn es bedeutete, dass Teilchen schneller als mit Lichtgeschwindigkeit miteinander kommunizieren konnten – etwas, was nach der einsteinschen Relativitätstheorie unmöglich war. David Bohm, einer

> Wir sind, was wir denken. Alles, was wir sind, entsteht mit unseren Gedanken. Mit unseren Gedanken erschaffen wir die Welt.
> BUDDHA

der renommiertesten Quantenphysiker der Welt, der eine Zeit lang mit Einstein zusammenarbeitete, schlug eine radikale Erklärung vor, die viele Anhänger fand …

Demnach »kommunizierten« die Teilchen nicht als solche. Vielmehr sind sie auf einer tieferen Ebene miteinander verbunden – wie überhaupt alles miteinander verbunden ist. Die Informationen *eines* Teilchens sind auch in allen anderen enthalten und das Universum gleicht letztlich einem Hologramm. Wie im Holodeck des Star-Trek-Universums, in dem Captain Picard sich aussuchen kann, ob er einen Strandspaziergang machen oder einen Hubschrauber fliegen will, »wählen« wir uns gemäß unseren vorherrschenden Gedanken bestimmte Erlebnisse aus.

Aber das ist keine Science-Fiction. Der Philosoph und Theologe Míceál Ledwith behauptet, moderne wissenschaftliche Sichtweisen wie die M-Theorie oder die Stringtheorie, die versuchten, dem Kern der Wirklichkeit auf die Spur zu kommen, ließen vermuten, dass »die Realität nicht körperlich ist, sondern überwiegend aus leerem Raum besteht, und dass das wenige, was an Körperlichem in ihr enthalten ist, eher einem Hologramm als einer festen, dinglichen Wirklichkeit gleicht. Es ist eine flüchtige Realität, die sehr empfänglich für die Kraft der Gedanken zu sein scheint.«

Die Quantenphysik öffnet uns erstmals den Blick für die Möglichkeit, dass unsere Gedankenimpulse sich auf die eine oder andere Weise in ihr physikalisches Gegenstück verwandeln.

> *Praxistipp*
>
> **Notieren Sie eine Situation aus der letzten Zeit, die sich für Sie gut entwickelt hat, und eine, die ein schlechtes Ergebnis lieferte. Wie dachten Sie jeweils im Vorfeld über diese Situationen? Was haben Sie sich davon versprochen? Seien Sie ehrlich. Waren Sie zuversichtlich oder rechneten Sie mit dem Schlimmsten? Wenn Sie sich solche Überlegungen zur Gewohnheit machen, werden Sie feststellen, dass zwischen Ihren Erwartungen und dem Verlauf der Ereignisse ein Zusammenhang besteht.**

4 Erweitern Sie Ihren Wortschatz

Hill sagt: »*Eine der größten menschlichen Schwächen ist es, daß man mit dem Wort ›unmöglich‹ zu schnell bei der Hand ist.*« Wenn unsere Gedanken so viel Macht haben und wir unsere Gedanken in der Regel in Worte kleiden und mit Worten verdeutlichen, dann folgt daraus, dass unsere Sprache für unsere Realität von signifikanter Bedeutung ist.

Peter Ustinov erklärt: »Die letzte Stimme, die man hört, bevor die Welt explodiert, wird die Stimme eines Experten sein, der sagt: Das ist technisch unmöglich.« Die vorschnelle Bereitschaft des Menschen, das scheinbar Unmögliche als solches zu akzeptieren und bei der ersten Schwierigkeit von seinen Plänen abzulassen, war wohl das, was Hill zu seinem Buch inspirierte. Im Zusammenhang mit dem menschlichen Wortschatz sind jedoch noch weitere Entdeckungen von Interesse.

Das Deutsche Universalwörterbuch von Duden schätzt den Wortschatz der Alltagssprache auf 500 000 Wörter, in denen bei Weitem noch nicht alle Fachtermini, etwa technische oder medizinische, inbegriffen sind. Zum zentralen Wortschatz des Deutschen rechnet es rund 70 000 Wörter. Der aktive Wortschatz, also das Spektrum der Wörter, die ein Individuum tatsächlich benutzt, beträgt 2000 bis 20 000 Wörter, im Durchschnitt 10 000 Wörter, so Anne Lehrndorfer. Wenn Sprache das elementare Werkzeug darstellt, mit dem wir unsere Erfahrungen beschreiben und unsere Gedanken und Wünsche artikulieren, dann hat die Beschränktheit unseres Wortschatzes unmittelbare Auswirkungen auf unsere Fähigkeit, diese Wünsche in Erfüllung gehen zu lassen.

Etwas, was wir nicht mit Worten beschreiben können, kann nicht existieren. Manche amerikanische Ureinwohnersprachen kennen kein Wort für »Lüge«. Das Prinzip des Lügens ist den Menschen, die sich dieser Sprachen bedienen, vollkommen fremd und taucht folglich in ihrem Denken und Verhalten nicht

Wörter bilden den Faden, auf den wir unsere Erfahrungen aufziehen.
ALDOUS HUXLEY

auf. Die Lüge ist in ihrer Kultur unbekannt. Der Stamm der Tasaday kennt, so heißt es, keine Worte für »Abneigung«, »Hass« oder »Krieg«. Etwas, für dessen Beschreibung keine Wörter zur Verfügung stehen, existiert offenbar auch nicht. Das führt uns zu der Frage: »Von welchen Wörtern machen Sie gewohnheitsmäßig Gebrauch, die Ihre Wirklichkeitserfahrung beeinflussen?«

Praxistipp

Erweitern Sie Ihren Wortschatz – besonders in dem Bereich, der mit Ihrem Lebensziel zusammenhängt. Abonnieren Sie Branchenzeitschriften, um Ihr Fachwissen zu erweitern, oder kaufen Sie sich ein einschlägiges Wörterbuch und lernen Sie jeden Tag nach dem Zufallsprinzip ein neues Wort. Bemühen Sie sich, es im Verlauf des Tages einzusetzen. Wenn Sie in der Zeitung oder im Fernsehen auf ein Wort stoßen, das Sie nicht verstehen, sollten Sie es unverzüglich nachschlagen.

Wenn Sie von der Sprache nur eingeschränkten Gebrauch machen, ist auch Ihr Erleben auf die Dinge beschränkt, die Sie mit den verwendeten Wörtern beschreiben können.

Wörter haben einen weit größeren Einfluss, als man gemeinhin annehmen würde. So wurde beispielsweise nachgewiesen, dass das Wort »Spinne« bei Menschen mit Spinnenangst dieselben körperlichen Reaktionen hervorruft wie der Anblick einer wahrhaftigen Spinne. Die Wörter, mit denen Sie sich selbst und Ihre Gefühle beschreiben, wirken sich unmittelbar auf Ihre körperliche Befindlichkeit aus. Wer sich ständig sagt, dass er müde ist, braucht sich nicht zu wundern, wenn er tatsächlich immer müde ist.

Der Wissenschaftsjournalist und Lachforscher Norman Cousins fand heraus, dass Patienten, bei denen ernste Krankheiten wie Krebs oder Herzschwäche diagnostiziert wurden, die Nennung ihrer Krankheit mit einem Gefühl der Hilflosigkeit quittierten, das sich in der Folge negativ auf ihr Immunsystem auswirkte. Gelang es aber, diese Menschen aus ihrer Depression herauszuholen, so erstarkte auch ihr Immunsystem, mit der Folge, dass ihre Heilungschancen sich signifikant verbesserten. Verändern Sie Ihre Sprache und Sie verändern Ihr Leben.

5 Seien Sie unvoreingenommen

Hill meint: »*Eine weitere menschliche Schwäche besteht in der Gewohnheit, alle und alles nach dem eigenen Eindruck und dem eigenen Maßstab zu bewerten.*« Mit anderen Worten: Viel zu viele Menschen halten ihre Sicht der Dinge für die einzig wahre und fällen ihre Urteile auf der Basis dieser falschen Annahme.

Der Philosoph und Wissenschaftler Alfred Korzybski, der Erfinder der sogenannten »Allgemeinen Semantik«, erklärt: »Die Landkarte ist nicht das Gelände.« Demnach entspricht unsere Repräsentation von einem Ereignis oder einer Situation niemals genau dem tatsächlichen Geschehen. Wir entwickeln lediglich eine mögliche Interpretation auf der Grundlage dessen, was unsere Sinne uns vermitteln. Veranlagungs- und erfahrungsbedingt sind die Sinnesfilter der Menschen verschieden. Sie sind durch Lebenserfahrung, Erziehung, kulturelle Erwartungen, Werte, Überzeugungen und Einstellungen geprägt und wirken sich ihrerseits auf unsere Weltwahrnehmung aus.

Dies müssen Polizisten stets auf Neue erfahren. Sobald sie zwei Personen bitten, das Geschehen zu beschreiben, treten verblüffende Unterschiede zutage. Dem einen fällt vielleicht auf, dass der Verdächtige ein bestimmtes T-Shirt trug, weil ihn der Aufdruck auf demselben an ein Buch erinnert, das er in der Schule gelesen hat. Der andere bemerkt das T-Shirt nicht, weil er keinen Bezug dazu hat und ihm folglich keine Beachtung schenkt. Jeder Zeuge nimmt aufgrund seiner bisherigen Lebenserfahrung und seines speziellen Filtersystems andere Dinge wahr. Der Punkt ist nicht, dass einer lügt und der andere nicht – beide berichten getreu das, woran sie sich erinnern. Aber niemand hat in allen Dingen hundertprozentig recht.

Der Schweizer Psychiater Carl Gustav Jung brachte denselben Sachverhalt einmal mit etwas anderen Worten zum Ausdruck, indem er be-

Wir sehen die Dinge nicht so, wie sie sind, sondern so, wie wir sind.
Talmud

hauptete: »Wahrnehmung ist Projektion.« Was uns als eine objektive Beobachtung erscheint, ist häufig lediglich eine Projektion unserer eigenen Überzeugungen und Lebensvorstellungen. Wer trotzig und verbittert ist, projiziert dies auf seine eigene Lebenserfahrung und findet dementsprechend lauter Menschen und Situationen vor, die diese Sichtweise rechtfertigen, oder er blendet alle gegenteiligen Erlebnisse aus. Sein Erleben der Welt ist

Praxistipp

Denken Sie an eine Situation, die Sie gegenwärtig stört. Ist das, was Sie aufregt, möglicherweise nur ein Spiegelbild Ihres eigenen Verhaltens? Wenn man Ihnen Vorwürfe macht, könnte das eventuell daher rühren, dass Sie selbst häufig anderen Vorwürfe machen. Oder aber Sie missdeuten die Situation aufgrund Ihrer Wahrnehmung, die nicht notwendig den Tatsachen entspricht. Überlegen Sie sich mindestens drei alternative Erklärungen, und sprechen Sie, wenn möglich, mit der betreffenden Person, um Missverständnisse auszuräumen.

folglich von Groll und Bitterkeit geprägt. Napoleon Hill beruft sich in diesem Punkt auf einen ungenannten Philosophen, der sagte: »*Mit Überraschung entdeckte ich, daß alles, was mir an anderen häßlich erschien, nur das Spiegelbild meiner selbst war.*«

Hill warnt uns vor Menschen, denen »*auch die sicherste Methode als ›undurchführbar‹ erscheint*«. Aber ob etwas möglich ist oder nicht, hängt in erster Linie von dem ab, was sich im Kopf des Einzelnen abspielt. Wessen Grundgefühl vom Scheitern beherrscht wird, der wird dieses Scheitern in seine Realität projizieren und dort schließlich auch erfahren.

6 Wenn der Glaube Berge versetzt

»Eine konsequent bewahrte geistige Einstellung verleiht dem menschlichen Geist die geheimnisvolle Kraft, magnetengleich Menschen und Umstände herbeizuziehen, die mit dieser Denkungsart harmonieren«, schreibt Hill.

Seit Jahrhunderten existiert unter hinduistischen Mystikern die Vorstellung von der Göttin Maya, die Verkörperung der Welt um uns herum und zugleich Symbol der Illusion, eine Beziehung, die überwiegend metaphorisch aufgefasst wird. Dennoch scheint es, als sei das »da draußen« in Wahrheit »eine große wohlklingende Symphonie von Wellenmustern, ein ›Frequenzbereich‹, der erst dann in die Welt, wie wir sie kennen, übertragen wird, nachdem er durch unsere fünf Sinne gegangen ist« (Anthony Robbins). Tatsächlich hängt unsere Realität – Wohlstand, Gesundheit, Glück, Elend oder Armut – weniger von den Umständen und unserer Geburt ab, als gemeinhin vermutet wird, sondern sie ist vielmehr eine logische Konsequenz aus der Frequenz, auf die wir unsere Antennen stellen. Maya steht folglich für die Illusion, die wir durch die Grenzen unseres Denkens erzeugen. Unser Unterbewusstsein wählt sich je nach diesen Grenzen in ein bestimmtes Erlebnis ein und die »allumfassende Vernunft« liefert das Gewünschte getreulich.

Masaru Emoto will in seinen Büchern über die Botschaft des Wassers eindrücklich den Einfluss der Gedanken und anderer nichtphysikalischer Stimuli auf die Realität demonstrieren. Er nahm eine Wasserprobe aus einer Quelle und tropfte geringe Mengen davon in 50 Petrischalen, die er drei Stunden lang auf minus 25 Grad abkühlte. Anschließend erhöhte er die Temperatur wieder auf minus fünf Grad und fotografierte die Eiskristalle durch ein Mikroskop. Er wiederholte das Experiment mit Wasser aus derselben Probe, das er verschiedenen Stimuli wie Musik, Worten und Gebeten un-

> Es erfordert nicht mehr Mühe, das Beste zu erwarten, als das Schlimmste zu fürchten. Es ist gesünder, produktiver und macht mehr Spaß.
> PHILIP E. HUMBERT

terzogen hatte. Emoto zufolge veränderte sich dadurch die Form der Kristalle. Beethoven, Gebete und an den Proben befestigte Worte wie »Liebe« und »Danke!« erzeugten schöne, vollständige Kristalle. Heavy Metal und Sätze wie »Du machst mich krank, ich bring dich um« erzeugten hässliche, unförmige Kristalle.

Dem Physiker William Tiller von der Stanford University ging es ebenfalls darum, die Macht der Gedanken und der Intentionen nachzuweisen. Er bat vier Probanden mit viel Erfahrung in Meditation, sich ganz auf je einen Elektronikkasten zu konzentrieren. Ziel sollte es sein, den pH-Wert des Wassers um einen Punkt zu erhöhen. Diese Kästen wurden ebenso wie auch eine Gruppe von Kontrollkästen jeweils 15 Zentimeter von einem Wasserglas entfernt aufgestellt, wobei das in den verschiedenen Gläsern befindliche Wasser aus ein und derselben Probe stammte. Wenn man bedenkt, dass eine Erhöhung des pH-Werts um einen Punkt für den menschlichen Körper tödlich wäre, beträgt die statistische Wahrscheinlichkeit eines spontanen Anstiegs weniger als ein Tausendstel. Dennoch veränderten die Kästen, auf die die Probanden ihre Aufmerksamkeit gerichtet hatten, tatsächlich den pH-Wert des Wassers.

Hill erinnert uns daran, dass »*Gedankenimpulse ihrer Natur nach wiederum Formen unsichtbarer, unstofflicher Energie sind. Wenn Sie also den Wunsch nach Geld zum Ausgangspunkt eines bestimmten Plans machen, so bedienen Sie sich des gleichen ›Materials‹, aus dem die Natur das ganze Universum formte.*«

Praxistipp

Wenn Sie das nächste Mal eine wichtige Besprechung haben, sollten Sie sich vorher fünf oder zehn Minuten nehmen, um sich auf Ihre Absichten zu konzentrieren. Spielen Sie in Gedanken das erwünschte Resultat durch. Berücksichtigen Sie so viele Details wie möglich, und wiederholen Sie im Kopf, was Sie sagen wollen und welche Antwort Sie sich erhoffen. Stellen Sie sich vor, wie Sie sich fühlen, und machen Sie sich dieses positive Ergebnis und die Absicht, es zu erreichen, ganz und gar zu eigen.

7 Die allumfassende Vernunft macht keine Unterschiede

Hill betont bei mehr als einer Gelegenheit, dass die im letzten Kapitel erwähnte geistige Kraft nicht davon abhängt, ob es sich bei der »*konsequent bewahrten geistigen Einstellung*« um positive oder negative Gedanken handelt, und dass sie uns ebenso dazu antreibt, Gedanken der Armut in die Realität umzusetzen wie Gedanken des Reichtums.

So umstritten Emotos Wasserexperimente auch sein mögen, zeigen sie doch, dass die dabei sich manifestierende Kraft, welcher Art auch immer sie sein mag, nicht zwischen destruktiven und konstruktiven Gedanken unterscheidet. Es genügte, einen Zettel mit dem Wort »Hass« an der Petrischale zu befestigen oder Gedanken des Hasses gegen sie zu richten, damit die Wasserprobe veränderte Kristalle ausbildete. An die Stelle der schönen, feinen und bunten Kristalle traten hässliche, entstellte Gebilde oder die Kristalle brachen gänzlich zusammen. Die »universelle Kraft« des Lebens lässt keine beliebigen, vom Menschen geschaffenen Regeln gelten, wo sie sich zu manifestieren hat, sondern gehorcht ausschließlich dem Bewusstsein und der Macht der Gedanken.

Als im Jahr 1950 das Medikament Krebiozen, das die Presse bereits als »Mittel gegen Krebs« feierte, an Patienten getestet wurde, war auch Dr. Bruno Klopfer daran beteiligt. Als einer seiner Patienten davon erfuhr, bat er, in den Kreis der Probanden einbezogen zu werden. Er litt an einem schweren Lymphosarkom – einer weit fortgeschrittenen Krebsvariante. Er hatte im ganzen Körper große Tumoren, musste mit Sauerstoff behandelt werden und sich alle zwei Tage Flüssigkeit aus der Lunge pumpen lassen. Klopfer willigte ein und der Gesundheitszustand des Patienten verbesserte sich spektakulär. Die Tumoren schrumpften so weit, dass er sein normales Leben wieder aufnehmen und so-

> Wenn Ihnen erst einmal bewusst ist, wie mächtig Gedanken sind, werden Sie niemals mehr einen negativen Gedanken hegen.
> MILDRED NORMAN

gar sein Privatflugzeug fliegen konnte.

Dann erschienen Berichte der American Medical Association (AMA) und der US Food and Drug Administration (FDA) über die negativen Ergebnisse der Krebiozen-Tests in den Medien – und der Zustand des Patienten verschlechterte sich schlagartig. Angesichts dieser dramatischen Entwicklung griff Klopfer zu einem ungewöhnlichen Mittel. Er erzählte seinem Patienten, er habe ein neues, stark verfeinertes und doppelt so wirksames Krebiozen (in Wahrheit ein Placebo) erhalten, das bessere Resultate brächte. Wieder gingen die Tumoren zurück, die Lungenflüssigkeit verschwand und der Patient war für gut zwei Monate symptomfrei. Weitere Berichte von AMA und FDA erschienen in der Presse unter der Überschrift »Landesweite Tests beweisen die Wirkungslosigkeit von Krebiozen gegen Krebs«. Klopfers Patient starb binnen weniger Tage.

Unabhängig vom Wert der medikamentösen Behandlung verdankte der Patient seine gesundheitliche Erholung ausschließlich seiner Einbildung; und für seinen Tod gilt ebenfalls, dass er in direktem Zusammenhang mit seinen Überzeugungen stand. Die Kraft, deren er sich dabei bediente, machte keinen Unterschied zwischen den verschiedenen Resultaten – sie produzierte gleichermaßen Gesundheit und Krankheit.

> *Praxistipp*
>
> **Notieren Sie jetzt sofort auf einem Blatt Papier alle Gedanken der letzten 24 Stunden, an die Sie sich noch erinnern. Vermutlich fällt es Ihnen nicht schwer, sich ein paar vorherrschende Gedanken aus diesem Zeitraum ins Gedächtnis zurückzurufen. Sind sie negativ oder positiv? Nehmen Sie eine Sekunde lang an, die hier vorgestellte Wissenschaft habe Gültigkeit. Wären unter diesen Umständen die Gedanken auf Ihrer Liste hilfreich, um Ihnen Gesundheit, Wohlstand und Glück zu bringen, oder stünden sie dem vielmehr aktiv entgegen?**

8 Versuchen Sie es richtig oder gar nicht

Laut Hill besteht der erste Schritt in Richtung Reichtum im Verlangen danach. »*Wer siegen will, muß bereit sein, seine Schiffe hinter sich zu verbrennen und auf jede Rückzugsmöglichkeit zu verzichten. Nur so wird jenes brennende Begehren erwachen, das die unerläßliche Voraussetzung jedes Erfolgs ist.*«

Dieses Gefühl fand seinen Widerhall zu allen Zeiten, so auch in Sunzis vor zweieinhalb Jahrtausenden verfasster *Kunst des Krieges*. Sunzi war ein chinesischer Militärstratege, der sagte: »Im entscheidenden Augenblick handelt der Heerführer wie jemand, der eine Höhe erklommen hat und die Leiter hinter sich wegstößt.«

Die zwei – seit Langem miteinander befreundeten – reichsten Männer der Erde, Warren Buffett und Bill Gates, wissen alles über das Verschließen von Notausgängen und die Bereitschaft zum Risiko als Voraussetzung für den Erfolg.

Warren Buffett ist der erfolgreichste Investor aller Zeiten. Der als »Weiser von Omaha« bekannte Buffett ist Mehrheitsaktionär und CEO von Berkshire Hathaway. Die meisten Börsenmakler können sich in der Gewissheit wiegen, dass sie im Fall eines Irrtums nicht selbst im Regen stehen. Nicht so Buffett. Als Mehrheitsaktionär legt er seine Eier in denselben Korb wie seine Investoren; er verzichtet auf alle Hintertürchen, sodass er die Folgen von Fehleinschätzungen auch selbst zu spüren bekommt. Der ruhige Mann einfacher Lebensart ist heute vor allem daran interessiert, sein eindrucksvolles Vermögen weiterzugeben. Und so versprach er im Juni 2006 der Bill-und-Melinda-Gates-Stiftung 30 Milliarden Dollar, ein Versprechen, das er inzwischen eingelöst hat.

Im Dezember 1974 war Paul Allen auf dem Weg zu seinem Highschool-Freund Bill Gates in dessen Schlafsaal in Harvard, als ihm ein Exemplar von *Popular Electronics* in die

> Nichts von Wert oder Gewicht lässt sich erreichen, wenn man nur mit halbem Kopf oder halbem Herzen bei der Sache ist.
> ISAAC BARROW

Hand fiel. Die Titelseite zeigte den Altair 8080 unter der Überschrift: »Der weltweit erste Mikrocomputerbausatz, der mit kommerziellen Modellen mithalten kann«. Überzeugt, dass der Markt für Heimcomputer explodieren und dass dafür Software benötigt würde, rief Gates bei MITS (Micro Instrumentation and Telemetry Systems), dem Hersteller des Altair, an. Er teilte dem Unternehmen mit, dass er und Allen eine Programmiersprache namens BASIC entwickelt hätten, die sich für den Einsatz auf dem Altair eigne. MITS wollte sie sehen.

Praxistipp

Notieren Sie drei Tätigkeiten, die Sie in letzter Zeit in Zusammenhang mit Ihrem gegenwärtigen Ziel verrichtet haben. Sind bei genauerer Betrachtung darunter solche, mit denen Sie sich auf die Möglichkeit eines Scheiterns vorbereiten? Überlegen Sie sich bereits Ausflüchte und Entschuldigungen? Wer seine Ziele verwässert, um sich für eine mögliche Niederlage zu wappnen, muss scheitern. Bekennen Sie sich zu Ihrem Lebensziel, setzen Sie alles auf Ihren gegenwärtigen Plan und schließen Sie die Notausgänge.

Allen und Gates hatten zu dem Zeitpunkt keine einzige Codezeile geschrieben; sie besaßen weder einen Altair noch den Chip, den der Computer verwendete. Aber sie waren wild entschlossen und bereit dazu, alle Rettungsringe über Bord zu werfen. Acht Wochen später flog Allen zu MITS, um das Programm vorzuführen, ohne es zuvor auf einem Altair getestet zu haben. Die Vorführung gelang und MITS einigte sich mit Gates und Allen über den Kauf der BASIC-Rechte. Innerhalb eines Jahres hatte Gates sein Harvardstudium an den Nagel gehängt und mit Allen die Firma Microsoft gegründet. Der Rest ist Geschichte.

9 Seien Sie ein praktischer Träumer

Hill befindet, dass die praktischen Träumer schon immer die Modellierer der Zivilisation waren, und meint: »*Praktische Träumer geben niemals auf!*« Toleranz und geistige Aufgeschlossenheit seien für den Träumer von heute von praktischer Notwendigkeit. Wer sich vor neuen Ideen fürchte, sei von Anfang an zum Scheitern verdammt.

Walt Disney war ohne Frage ein solcher »Modellierer« der Zivilisation. Geboren in Chicago, wuchs er auf einer Farm in Missouri auf und kehrte später nach Chicago zurück, um dort Kunst zu studieren. Bevor ihm seine berühmte Maus über den Weg lief, war ihm das Glück wenig hold gewesen. Ein missglückter Geschäftsversuch in Kansas City hatte ihn ruiniert. Wie Millionen vor und nach ihm zog er nach Los Angeles auf der Suche nach einem Job in der Filmindustrie. Das misslang. Aber er blieb ein Träumer, und anstatt nach Kansas zurückzukehren, mietete er eine Kamera, richtete sich einen Arbeitsplatz ein, der zur Herstellung von Trickfilmen geeignet war, und gründete mit seinem Bruder Roy in der Garage seines Onkels die Disney Corporation.

Seine Träume legten den Grundstein für eine ganze Branche und begeisterten Millionen von Kindern (und Erwachsenen) und seine Fantasie schuf neue Möglichkeiten der Animation. Er selbst wäre überrascht, wenn er wüsste, wie weit sich die Dinge seit seinen Tagen in der Garage entwickelt haben.

Heute gibt es Menschen, die Angst vor dem haben, was Google so alles vorhat. Nehmen Sie beispielsweise die Google-Buchsuche: Die Idee ist grandios – jedes jemals geschriebene Buch im Internet einsehen zu können. Was für ein unglaublicher Quellenschatz würde sich damit eröffnen! Zwar gibt es auch Befürchtungen, insbesondere seitens der Autoren und Verlage. Aber anstatt nur darauf zu schauen, was nicht möglich ist oder nicht wünschenswert

> Wo ein offener Geist ist, ist auch immer eine Grenze.
> Dorothea Brande

wäre, sollten wir lieber versuchen, Lösungen zu finden, die allen Beteiligten gerecht werden und immer mehr Menschen Zugang zu immer mehr Wissen gewähren.

Hill berichtet, wie Guglielmo Marconi, einer der Begründer der drahtlosen Telekommunikation, von seinen »Freunden« in Gewahrsam genommen und zwecks Untersuchung in eine psychiatrische Klinik verfrachtet wurde. Sie konnten sich so wenig vorstellen, dass es möglich sein sollte, Nachrichten drahtlos durch die Luft zu schicken, dass sie ihren Freund kurzerhand für verrückt erklärten.

Im Jahr 1899 verkündete der Leiter des US-Patentamtes: »Alles, was sich erfinden lässt, wurde bereits erfunden.« 1943 meinte IBM-Chairman Tom Watson: »Ich gehe weltweit von einem Bedarf von vielleicht fünf Computern aus.« Eine Einschätzung, die heute geradezu absurd klingt – diese Zahl wird bisweilen bereits in einzelnen Haushalten erreicht! Auch Genies können irren. Albert Einstein war wahrlich nicht auf den Kopf gefallen und als Wissenschaftler war er für seine Fähigkeit zu träumen berühmt. Aber im Jahr 1932 behauptete er: »Nicht das geringste Anzeichen deutet darauf hin, dass die atomare Energie jemals nutzbar gemacht werden kann, denn das würde voraussetzen, dass man Atome gezielt zertrümmern kann.«

Neue Ideen reifen nicht in einem verschlossenen Geist ...

> *Praxistipp*
>
> **Wenn Sie nach Geschäftsideen, neuen Produktideen oder neuen Märkten für bestehende Produkte Ausschau halten, könnten Sie ein Blatt Papier zur Hand nehmen und darauf 21 Möglichkeiten notieren. Hören Sie nicht auf, bevor Sie tatsächlich 21 Ideen zusammenhaben. Indem Sie sich vornehmen, viele Ideen aus dem Hut zu zaubern, zwingen Sie sich, auch den verrückten Ideen eine Chance zu geben. Auf diese Weise öffnen Sie sich für eine Art des Denkens, die Ihnen möglicherweise unerwartete und einträgliche Wege aufzeigt.**

10 Die Religion hat den Glauben nicht gepachtet

Der zweite Schritt zum Reichtum ist der Glaube. Hill sagt: »*Wenn Glaube und Denken sich verbinden, pflanzen die hierbei entstehenden Schwingungen sich ins Unterbewußtsein fort, werden hier umgesetzt in ihre geistige Potenz und der ›Allumfassenden Vernunft‹ zugeleitet, wie dies beim Beten geschieht.*«

Als die Wissenschaft begann, einige der Wunder der Natur zu entmystifizieren, bildete sich zwischen ihr und der Religion ein Graben. Beide glaubten an die Existenz einer Art von allumfassender Vernunft – nur konnten sie sich nicht auf einen Namen einigen. Die Kluft wurde unüberbrückbar, als sich der Philosoph und Naturwissenschaftler René Descartes im 17. Jahrhundert gezwungen sah, mit dem Papst einen Handel zu schließen, wonach er nur unter einer Bedingung anatomische Studien am menschlichen Körper betreiben durfte: Seele, Geist und Gefühle waren tabu.

Napoleon Hill lässt keinen Zweifel daran, dass die Quelle dieser mysteriösen Kraft Glaube und Gefühl sind. Es ist der Glaube, der Placebos ihre Wirkung verleiht und der den Menschen in schwierigen Zeiten Kraft gibt. Und derselbe Glaube ist die Voraussetzung dafür, dass sich Gedanken in physikalische Wirklichkeit verwandeln können. Aber Glaube ist nicht allein eine Sache der Religion. Vielmehr bezeichnet er schlicht ein Gefühl der Sicherheit, das sich mit jener allumfassenden Vernunft verbindet und diese beeinflusst. Das bedeutet nicht, dass jeder Gedanke, der Ihnen durch den Kopf geistert, während Sie auf den Bus warten, auf wunderbare Weise in Erfüllung geht. Dann schon eher die von tiefen Gefühlen begleiteten Gedanken, die Sie in der Nacht nicht schlafen lassen!

Möglicherweise ist es das, was dem Gebet seine Wirkungskraft verleiht. Ein Gebet ist nicht einfach so dahin-

> Glaube ist, wenn wir von Dingen überzeugt sind, die wir nicht sehen; belohnt werden wir für diesen Glauben, indem wir das, von dem wir überzeugt sind, zu sehen bekommen.
>
> *Augustinus*

gesprochen, sondern in aller Regel von intensiven Gefühlen begleitet. Die Menschen beten nicht, wenn es ihnen gut geht, sondern wenn alles über ihnen zusammenbricht, wenn sie Probleme haben, krank sind oder Angst haben – in solchen Momenten gelingt es ihnen, sich zu konzentrieren und ihre Aufmerksamkeit zu fokussieren. Und vielleicht ist es dieses verstärkte Bewusstsein, das Wunder ermöglicht. Klopfers Patient in Idee 7 glaubte so fest an seinen Arzt und das Medikament, das ihm vermeintlich verabreicht wurde, dass er in seinem eigenen Körper ein Wunder bewirkte. Das Einzige, was sich für ihn veränderte, war sein Glaube und sein Vertrauen in die Therapie.

Praxistipp

Notieren Sie unter der Überschrift »Was ich sicher weiß« alle Dinge in der Welt, von deren Wahrheit Sie absolut überzeugt sind. Welche Aspekte Ihres Lebens nehmen Sie einfach so hin, ohne sie zu hinterfragen? Denken Sie besonders an wichtige Themenbereiche wie Liebe, Glück, Ihr Talent beim Geldverdienen und bei der Verwirklichung Ihrer Träume. Wovon sind Sie in diesem Zusammenhang wirklich überzeugt? Könnte es sein, dass Ihre Überzeugungen Sie in bestimmten Bereichen daran hindern, mehr zu erreichen?

Vielleicht werden eines zukünftigen Tages Wissenschaft und Spiritualität wieder zueinanderfinden. Vielleicht werden die Menschen erkennen, dass Vorstellungen wie die vom Karma keineswegs metaphorisch zu verstehen sind. Ideen und Handlungen, die wir hinaus ins Quantenfeld werfen, kehren wie ein Bumerang zu uns zurück – die guten ebenso wie die schlechten. Vielleicht werden die Menschen eines Tages die Zehn Gebote nicht deswegen einhalten, weil sie Gottes Vergeltung fürchten, sondern aus Einsicht. Ein Zeitalter der persönlichen Verantwortung wird anbrechen, und Sie und ich werden erkennen, dass alles, was wir tun, sagen oder denken, von Bedeutung ist. Wir sind alle miteinander verbunden, woraus unmittelbar folgt: »Was du nicht willst, das man dir tu, das füg auch keinem andern zu.«

11 Entwickeln Sie Glauben durch Visualisierung

Hill meint: »*Die ständige Wiederholung bestimmter, an das Unterbewußtsein gerichteter Vorstellungen und Befehle stellt die einzige bisher bekannte Methode dar, willentlich den geistigen Zustand des festen und unerschütterlichen Glaubens zu schaffen.*« Wenn Sie möchten, dass das, was Sie erreichen wollen, auch wirklich in Erfüllung geht, ist es wichtig, dass Sie sich jeden Tag mit der Kraft des Willens darauf konzentrieren und sich ein emotionales Bild davon machen.

»Gedanken bestimmen unsere Realität« – so weit, so gut. Doch die Gedanken mit der größten Wirkung sind in unserem Unterbewusstsein gespeichert. Und die meisten Menschen haben keine Vorstellung davon, was sie auf der unbewussten Ebene »denken«. Leider handelt es sich in der Mehrzahl um negative Einstellungen, die dort in einer Endlosschleife immer wieder abgespult werden. Das Unterbewusstsein führt die vorherrschenden Gedanken ohne Unterschied aus – ähnlich wie Grawp, der geistlose Riese, in *Harry Potter*, der stets tut, wie ihm geheißen. Das Bewusstsein hingegen ist ein Wissenschaftler, der Entscheidungen trifft, aber nicht die Muskeln hat, um eigenständig Veränderungen zu bewirken. Man führe sich nur all die Diätpläne von Abnehmwilligen vor Augen.

Beide Faktoren müssen zusammenwirken. Indem Sie Ihre Wünsche mittels Visualisierung bewusst in Ihr Unterbewusstsein lenken, können Sie dort lauernde negative Einstellungen möglicherweise überschreiben. So wird sichergestellt, dass nicht Ihre negativen Ängste, sondern Ihre positiven Wünsche mit Gefühlen und Glauben verbunden werden, um auf die allumfassende Vernunft einzuwirken und sich in Ihrem Leben zu manifestieren.

Ihr Kopf macht in Wahrheit keinen

> Visualisieren Sie das, was Sie sich wünschen, sehen Sie es, fühlen Sie es und glauben Sie daran. Erstellen Sie im Geiste einen Grundriss und beginnen Sie mit dem Bau.
> Robert Collier

> *Praxistipp*
>
> Denken Sie an etwas, was Sie am liebsten sofort ändern würden: Vielleicht möchten Sie die Beziehung zu Ihrem Partner verbessern, Ihren Kindern gegenüber mehr Geduld zeigen oder im Berufsalltag mehr Durchsetzungsfähigkeit unter Beweis stellen. Nehmen Sie diese Veränderung ins Visier, und formulieren Sie konkret und detailliert, was Sie sich wünschen, was Sie dafür tun wollen und wie der Zeitplan dafür aussieht.

Unterschied zwischen einer Situation, die Sie sich lebhaft vorstellen, und einer, die Sie leibhaftig erleben. Das ist der Grund, warum die Visualisierung ein so wirkungsvoller Schritt auf der von Hill beschriebenen Reise zur persönlichen Erfüllung und zum Reichtum ist.

Charles Garfield, ehemaliger NASA-Forscher und Präsident des Performance Science Institute im kalifornischen Berkeley, berichtet von einer Studie mit russischen Sportlern, die in vier Gruppen aufgeteilt wurden. Die erste verbrachte 100 Prozent ihrer Zeit mit dem eigentlichen Training. Die zweite verbrachte 75 Prozent der Zeit mit Training und 25 Prozent mit seiner Visualisierung. Die dritte wendete für beides gleich viel Zeit auf und die vierte nutzte 75 Prozent der Zeit für die Visualisierung und nur 25 Prozent für das eigentliche Training. Unglaublich, aber wahr: Bei den Olympischen Winterspielen 1980 zeigte die vierte Gruppe die größten Verbesserungen, gefolgt von den Gruppen drei, zwei und eins, in dieser Reihenfolge. Indem sie den Kopf einsetzten und eine Leistungssteigerung visualisierten, versetzten sie sich in die Lage, diese Leistung tatsächlich zu erbringen.

Hinweise auf die Kraft der Visualisierung finden sich in spirituellen Schriften aller Zeiten. Tibetische Tantra-Texte sind voller Visualisierungsübungen. Auch die persischen Sufis des 12. Jahrhunderts wussten um die Bedeutung der Visualisierung für die Veränderung der Wirklichkeitserfahrung und nannten die feine Gedankenmaterie *alam al-mithal*.

Paramahansa Yogananda, indischer Yogi und spiritueller Guru, stimmt Hill von ganzem Herzen zu, wenn er sagt: »Echte Visualisierung vermittels Konzentration und Willenskraft ermöglicht es uns, Gedanken Wirklichkeit werden zu lassen, und zwar nicht nur als Träume oder Visionen in mentalen Welten, sondern als Erfahrungen in der materiellen Welt.«

12 Nutzen Sie Ihre Gefühle

»Jeder von einem Gefühl durchdrungene und mit festem Glauben verbundene Gedanke nimmt alsbald greifbare Gestalt an«, schreibt Hill. Nur jene Gedanken bewirken also wirklich etwas, die mit einem Gefühl der Leidenschaft verbunden sind.

Indem wir sorgenvoll einem möglichen Ereignis entgegenblicken, tun wir nicht nur nichts, um es zu vermeiden; Napoleon Hill und neueren wissenschaftlichen Forschungen zufolge erhöhen wir potenziell sogar die Wahrscheinlichkeit, dass es eintritt, indem wir diesem Gedanken Treibstoff und Kraft zuführen

Nicht alle Gedanken haben die Fähigkeit, die Welt zu verändern, sondern nur die häufig wiederholten sowie die emotional aufgeladenen. Die meisten Menschen stolpern ziellos durchs Leben, finden ihren Beruf mehr durch Zufall als durch bewusste Entscheidung und tun nichts mit wirklicher Leidenschaft. Sie wenden diese Kraft folglich nirgends an außer auf die sorgenvolle Erwartung der nächsten Kreditkartenrechnung. Wie das vor sich geht, wissen wir bislang nicht so recht – aber möglicherweise finden wir den Schlüssel in der Art und Weise, wie das Gehirn mit Emotionen umgeht.

Lange wurde angenommen, dass der Gedanke dem Gefühl vorausgeht. Man war überzeugt, dass die Sinnessignale von der Übersetzungseinheit des Gehirns (dem Thalamus) interpretiert und an die richtigen Abteilungen weitergereicht würden. Das Signal gelangt demnach erst in die Denkeinheit (den Neokortex) und von da aus weiter in die Gefühlseinheit (das limbische System), wo es eine geeignete Reaktion auslöst.

Joseph LeDoux, Neurowissenschaftler am Center for Neural Science an der New York University, entdeckte als Erster, dass diese Vorstellung nicht

Je intensiver die Gefühle, die wir mit einer Idee oder Zielvorstellung verbinden, desto verlässlicher weist uns die tief in unserem Unterbewusstsein vergrabene Idee den Weg bis zu ihrer Verwirklichung.
EARL NIGHTINGALE

zutrifft. Demnach werden die Gefühle von den beiden sogenannten Mandelkernen kontrolliert, die sich oberhalb des Hirnstamms zu beiden Seiten des Gehirn befinden. LeDouxs Untersuchungen ergaben, dass der Thalamus jedes Mal, wenn er ein Sinnessignal empfängt, seinerseits nicht nur ein, sondern zwei Signale aussendet. Das eine reist über eine einzelne Synapse zum Mandelkern, während das zweite für den Neokortex zwecks bewusster Auswertung bestimmt ist.

Praxistipp

Wenn Sie en détail formulieren, was Sie wann wie erreichen wollen, sollten Sie eines beachten: Es ist wichtig, dass Sie den Prozess mit intensiven Gefühlen begleiten. Tauchen Sie in das Erlebnis Ihrer erträumten Zukunft ein, und fühlen Sie, wie es wäre, wenn Ihre klare Zielvorstellung bereits Wirklichkeit wäre. Unklare Wünsche erzeugen unklare Resultate.

Das Ergebnis ist, dass die Mandelkerne das Denken »kapern« und uns zum Handeln veranlassen, bevor unser Bewusstsein das Geschehen vollkommen erfasst hat. Es ist dieser Reflex, der uns in den Fluss springen lässt, um ein Kind zu retten, bevor das denkende Gehirn die Gefahr überhaupt registriert. Und er ist auch dafür verantwortlich, dass ein Gefühlsausbruch häufig erfolgt, bevor das Gehirn involviert ist – leider!

Deutlich wird, dass die Gefühle einen unmittelbaren und starken Zugang zum Unterbewusstsein haben. Dieses löst Handlungen schneller aus als das logische Denken allein und ist deshalb möglicherweise mitbeteiligt an dem Umstand, dass Gefühle eine so wichtige Rolle spielen, wenn es darum geht, Gedanken in Realität zu verwandeln.

13 Pech gibt es nicht

Hill sagt: »*Millionen Menschen meinen, irgendeine geheimnisvolle übermenschliche Macht habe sie zu Mißerfolg, Armut und Unglück ›verdammt‹.*« An späterer Stelle rät er: »*Befreien Sie sich entschlossen von allen ungünstigen Umwelteinflüssen und gestalten Sie Ihr Leben nach Ihren eigenen Wünschen und Vorstellungen.*«

Die Welt ist voller Menschen, die die Gültigkeit dieses Rates demonstrieren …

Michael Milton verlor im Alter von neun Jahren wegen Krebs ein Bein, ließ sich davon aber nicht von seinem Weg abbringen. Er lernte das Skifahren noch einmal und nahm erstmals als Vierzehnjähriger in Innsbruck an den Paralympischen Spielen teil. Seither hat er zehn paralympische Medaillen gewonnen – darunter sechs Goldmedaillen. Im April 2003 wurde er der schnellste Skifahrer der Welt mit einer körperlichen Behinderung; mit einer Spitzengeschwindigkeit von 193 Stundenkilometern brach er einen sechzehnjährigen Rekord. Seinen eigenen Rekord hat er später noch überboten: mit mörderischen 213,65 Stundenkilometern.

Außerdem ist Milton ein Abenteurer, der auf seinen Krücken sogar den Kilimandscharo bezwungen hat. Nachdem ich den Gipfel mit zwei Beinen erklommen habe, habe ich für seine Leistung nichts als Bewunderung übrig. Temperaturen unter null Grad und die Tücken der Höhenkrankheit sind schon Hürde genug. Glauben Sie mir, auf 5895 Metern Höhe fühlt sich Ihre Brust wie zugeschnürt an und Sie können kaum noch atmen. Weniger als zehn Prozent derjenigen, die sich auf den Weg machen, schaffen es bis oben – selbst auf zwei Beinen.

Oprah Winfrey dachte nicht daran, sich ihr Leben von den Umständen ihrer Geburt diktieren zu lassen. Geboren als Tochter minderjähriger unverheirateter Eltern in einer Zeit, als das noch nicht gesellschaftlich akzeptiert war,

> **Das Erste, was ein außergewöhnlicher Mensch tut, ist, uns die Unbedeutendheit der Umstände vor Augen zu führen.**
> RALPH WALDO EMERSON

verbrachte sie die ersten sechs Jahre ihres Lebens in dörflicher Armut bei ihrer Großmutter; die folgenden sieben Jahre lebte sie unter schwierigen Bedingungen bei ihrer Mutter. Mit vierzehn verlor sie ein Kind und lebte fortan bei ihrem Vater, der etwas Ordnung in ihr Leben brachte. Heute ist sie Milliardärin und eine der mächtigsten und einflussreichsten Frauen der Welt. Sie stiftete 40 Millionen US-Dollar für die Gründung der Oprah Winfrey Leadership Academy for Girls im südafrikanischen Johannesburg. Die im Jahr 2007 eröffnete Internatsschule, zu der sie ihre eigenen Kindheitserfahrungen inspiriert hatten, bietet talentierten Mädchen die Möglichkeit, sich aus ihrem ursprünglichen Umfeld zu befreien.

> *Praxistipp*
>
> **Welche Ansichten und Überzeugungen haben Sie sich aufgrund Ihrer vergangenen und gegenwärtigen Lebensumstände zu eigen gemacht, ohne sie jemals zu hinterfragen? Sich dieser Ideen bewusst zu werden, ist der erste Schritt in Richtung Veränderung. Stellen Sie fest, welche unbewussten Erwartungen möglicherweise Ihre Erfolgsaussichten beeinträchtigen, indem Sie die folgenden Aussagen vervollständigen:**
>
> **Ich werde niemals reich sein, weil ...**
>
> **Ich werde niemals Liebe finden, weil ...**
>
> **Mein Traum wird ewig unerfüllt bleiben, weil ...**

Hill nennt als ein weiteres Beispiel Helen Keller, die, obwohl sie kurz nach der Geburt taubstumm und blind wurde, dennoch das College absolvierte. Sie schrieb und hielt Vorträge und setzte sich für die Rechte Unterdrückter ein. Robert Burns wuchs in Armut auf, aber dennoch »*war sein Leben ein Geschenk für die Menschheit, denn er schuf Gedichte von unnachahmlicher Poesie und pflanzte Rosen, wo vorher Dornen gewachsen waren*«.

»*Beethoven wurde taub und Milton erblindete – doch der Ruhm ihrer Namen wird nie erlöschen.*« Aus ihnen allen wurden außergewöhnliche Menschen, weil sie in der Lage waren, sich vom Einfluss ihres unglücklichen Umfelds zu befreien. Stattdessen pflanzten sie »*Rosen, wo vorher Dornen gewachsen waren*«.

14 Kooperation statt einsamer Macher an der Spitze

Die Wirtschaft sei reif für eine Reform, so Napoleon Hill. Die Methoden der Vergangenheit, die auf Gewalt und Einschüchterung basierten, würden in Zukunft ersetzt durch die besseren Prinzipien des Glaubens und der Zusammenarbeit. Menschen, die ihre Arbeit tun, würden dafür mehr bekommen als ihren täglichen Lohn; sie würden Dividenden aus der Unternehmenstätigkeit erhalten.

Heute, rund 70 Jahre später, berücksichtigen noch immer die wenigsten Unternehmen diesen Rat. Noch immer herrscht im Management eine Mentalität vor, der zufolge Unternehmensführung und Belegschaft an verschiedenen Strängen ziehen, und die Beschäftigten gelten nach wie vor als austauschbare Bauern im Schachspiel der Wirtschaft. Dennoch gibt es einige Ausnahmeunternehmen, die die Gültigkeit des hillschen Ratschlags unter Beweis stellen.

Der Maschinenbauer International Harvester war in großen Schwierigkeiten und »sank schneller als die Titanic«. Das Unternehmen bot seinen Beschäftigten in der Zweigstelle in Springfield die Produktionsanlagen zum Kauf an, und Jack Stack und zwölf Manager griffen zu. Im Februar 1983 übernahmen sie das Ruder – ohne Geld, ohne Ressourcen und mit 119 Beschäftigten, deren Job und Lebensunterhalt nun ganz von ihnen abhing.

Die Springfield ReManufacturing Corporation war so gut wie pleite und hatte keine Zeit für eine aufwendige Umstrukturierung. Stack glaubte an ein übergreifendes Gesetz: Man bekommt, was man gibt. Außerdem kannte er sich ein wenig im Sport aus. Er organisierte das Unternehmen folglich wie ein Spiel und

> Kein Arbeitgeber ist unabhängig von den Menschen um ihn herum. Niemand kann allein erfolgreich sein, ganz gleich, wie viel Talent oder Kapital er in die Waagschale zu werfen hat. Wirtschaft ist heute mehr denn je eine Frage der Kooperation.
> ORISON SWETT MARDEN

nannte es »The Great Game of Business«. Den Kern bildete eine sehr einfache These: »Die beste, effizienteste und rentabelste Art, ein Unternehmen zu führen, besteht darin, die Beschäftigten in der Unternehmensführung mitreden zu lassen und sie am finanziellen Ergebnis, ob Gewinn oder Verlust, zu beteiligen.«

Praxistipp

Machen Sie aus Ihrem nächsten Projekt ein Spiel. Versammeln Sie, ob bei der Arbeit oder zu Hause, Ihre Leute, und beschließen Sie gemeinsam, was Sie erreichen wollen. Wählen Sie Ihre Spieler, und sorgen Sie dafür, dass jeder seine Position kennt. Denken Sie sich Belohnungen und Strafen aus. Formulieren Sie klar verständliche Regeln und legen Sie die Messkriterien fest. Machen Sie daraus ein Spiel, das allen Spaß macht.

Hill hätte großen Respekt vor SRC gehabt. Das Unternehmen hat Vertrauen in seine Mitarbeiter bewiesen und ein Umfeld geschaffen, in dem alle miteinander kooperieren konnten. Aus den Beschäftigten wurden Mitspieler, die ihre Positionen kannten, und die Regeln wurden vor dem Spiel gemeinsam vereinbart. Jeder wusste, wie die Punkte verteilt wurden; wie Gewinn belohnt und Verlust bestraft wurde, war allen bekannt. Und wenn das Spiel erfolgreich verlief, profitierten alle davon. Von 1983 bis 1986 stieg der Umsatz jedes Jahr um mehr als 30 Prozent, von anfänglichen Verlusten in Höhe von 60 488 US-Dollar bis zu einem Vorsteuergewinn von 2,7 Millionen US-Dollar vier Jahr später. Selbst als SRC einen Kunden verlor, der 40 Prozent des Geschäfts ausmachte, kam es nicht zu Entlassungen.

SRC ist jetzt ein Konglomerat von 22 getrennten Unternehmen mit Gesamteinkünften von über 200 Millionen US-Dollar. Viele dieser neuen Geschäftsaktivitäten sind Reaktionen auf von Mitarbeitern entdeckte Schwachstellen. »The Great Game of Business« und der Managementstil der offenen Bücher – die von anderen Unternehmen übernommen wurden – machten aus SRC ein florierendes Unternehmen mit einer inspirierenden Arbeitsatmosphäre, in der alle vom gemeinsamen Erfolg profitieren.

15 Der Türsteher in Ihrem Kopf

Laut Hill besteht der dritte Schritt auf dem Weg zum Reichtum in der Autosuggestion. Alle Sinneseindrücke würden vom bewussten Denken abgefangen und entweder zum Unterbewusstsein weitergeleitet oder verworfen. Das Bewusstsein diene deshalb als eine Art Einlasskontrolleur zum Unterbewusstsein.

Auch wenn die Wissenschaft inzwischen festgestellt hat, dass offenbar nicht alle Informationen das bewusste Denken passieren, bevor sie das Unterbewusstsein erreichen, hat Hill doch recht, wenn er von einem Türsteher spricht. Das Unterbewusstsein ist allerdings sehr viel komplizierter als gedacht. Es bewahrt beispielsweise Informationen, die das Bewusstsein entweder vergessen oder niemals zur Kenntnis genommen hat …

In Idee 12 sprach ich davon, wie Gefühle ohne Umweg über das Denken in das Unterbewusstsein dringen können. Offenbar können Informationen unser Unterbewusstsein über die fünf Sinne auch dann erreichen, wenn unser Bewusstsein gerade inaktiv ist. Jahrzehntelang nahmen Chirurgen an, dass der narkotisierte Patient im bewusstlosen Zustand das Geschehen und das Gesprochene im Operationssaal nicht mitbekommt. Im Jahr 1963 entdeckte Milton Erickson, ein bekannter amerikanische Psychiater und Spezialist für medizinische Hypnose, als einer der Ersten, dass das Unterbewusstsein jedes Wort registrierte, das während des Eingriffs gesprochen wird, selbst wenn der Patient anschließend keine bewussten Erinnerungen daran hatte. Versuche mit postoperativer Hypnose bestätigten, dass die Betroffenen erstaunlich viel von dem Geschehen während ihrer Bewusstlosigkeit wiedergeben konnten. Im Jahr 1988 untersuchten Evans und Richardson, welche Rolle diese »Erinnerungen« spielten, und stellten fest, dass positive Äußerungen in Gegenwart des narkotisierten Patienten während der Operation den an-

> Sie können Ihr Unterbewusstsein nur über das Bewusstsein erreichen. Das Bewusstsein ist Ihr Türsteher, der Wächter am Tor. Das Unterbewusstsein holt sich seine Eindrücke aus dem Bewusstsein.
> ROBERT COLLIER

schließenden Heilungsprozess beschleunigten.

»*Das Unterbewußtsein hört und befolgt jede Anweisung, die ihm mit Bestimmtheit und Zuversicht gegeben wird*«, erklärt Hill. Sie brauchen nur einen Show-Hypnotiseur bei seiner Tätigkeit zu beobachten. Ist es rational oder vernünftig, eine Zwiebel zu essen, als wäre sie ein Apfel? Ist es weise, wie ein Hühnchen gackernd herumzulaufen oder vor Freunden den Affen zu mimen? Das Unterbewusstsein tut, wie ihm geheißen; achten Sie folglich darauf, dass Sie ihm konstruktive Aufträge erteilen. Hüten Sie Ihren wertvollsten Schatz und bewahren Sie ihn vor negativen Gedanken und Einflüssen.

In Anbetracht dessen, dass wir uns nur selten hypnotisieren oder anästhesieren lassen, verläuft die einzige Route ins Unterbewusstsein normalerweise über das Bewusstsein. Durch Visualisierung und Autosuggestion, sagt Hill, »*ist es dem Menschen gegeben, Herr seiner selbst und seiner gesamten Umwelt zu werden, weil er die Macht besitzt, sein Unterbewußtsein nach seinen Vorstellungen zu beeinflussen*«.

Praxistipp

Bevor Sie sich das nächste Mal operieren oder beim Zahnarzt eine Vollnarkose geben lassen, sollten Sie bedenken, dass alles, was während dieser Zeit gesprochen wird, unmittelbar bis zu Ihrem Unterbewusstsein vordringt. Ziehen Sie Alternativen in Erwägung; falls es keine gibt, bitten Sie Ihren Arzt, solche Gespräche – besonders wenn sie negative Äußerungen enthalten können – auf ein Minimum zu beschränken.

16 Himmel und Hölle: hier und jetzt erreichbar

Hill unterstreicht: »*Wie die Elektrizität bei richtiger Anwendung ganze Industrien mit Energie versorgt und unschätzbare Dinge leistet, bei falscher Anwendung aber das Leben vernichtet, genauso verhilft uns das Prinzip der Autosuggestion zu innerem Frieden und Wohlstand oder verdammt uns zu Unglück, Niederlagen und Tod.*«

Vielleicht sind Himmel und Hölle nicht die Orte, an die wir später je nach Maßgabe unseres Verhaltens gelangen, sondern existenzielle Erfahrungen aufgrund von Glaube, Aufmerksamkeit und Konzentration.

Im Zuge des Fortschritts in der Elektronik wurde es für die Wissenschaftler in den Sechzigerjahren möglich, sogenannte Zufallszahlengeneratoren zu bauen, die den Zufall statistisch abbilden. Erstmals in der Geschichte konnte die Wissenschaft eine von Francis Bacon um 1600 aufgestellte Hypothese beweisen, wonach wir, wenn wir nur messen könnten, wie der Zufall aussieht, sehen könnten, ob er sich beeinflussen lässt. Genau das ermöglichten nun die Zufallsgeneratoren: Laborstudien zeigten, dass der menschliche Geist den Zufall tatsächlich beeinflussen und eine Art Kohärenz in einem scheinbar zufälligen Universum schaffen konnte.

Im Wissen darum, dass das Urteil im O.-J.-Simpson-Prozess unmittelbar bevorstand, begann Dean Radin, einer der an diesen Forschungen beteiligten Wissenschaftler, Daten von fünf Zufallsgeneratoren an verschiedenen Orten aufzuzeichnen, um zu sehen, ob sich die Laborresultate im realen Leben wiederholen ließen. Er wollte messen, ob die Konzentration von Millionen Menschen auf einen einzigen Punkt den Zufall beeinflussen könnte. Veränderte sich das statistische Bild? In der Tat. War es also möglich, dass die kollektive Konzentration von Millionen Menschen das Bild veränderte und eine Art von kollektiver Kohärenz erzeugte?

Dies führte zur Gründung des Global Consciousness Project Princeton – Zufallsgenera-

> Wenn Sie ohne Unterlass schlechte Dinge vorhersagen, haben Sie gute Aussichten, Prophet zu werden.
> ISAAC BASHEVIS SINGER

toren auf der ganzen Welt beobachten den Zufall rund um die Uhr. Viele statistisch signifikante Ereignisse wurden seit August 1998 verzeichnet, und die Wissenschaft hat schlüssig bewiesen, dass unsere Gedanken – bewusst oder unbewusst – die Welt beeinflussen. Das ist genau das, was Hill schon 1937 sagte!

Wenn wir die Welt unwissentlich beeinflussen können,

Praxistipp
Kopieren Sie Hills Gedicht aus seinem Buch *Denke nach und werde reich* **(»Denkst du dich geschlagen, so bist du geschlagen ...«). Legen Sie es in Ihr Tagebuch, damit Sie es jeden Tag sehen, wenn Sie die folgenden Tage und Wochen planen. Wenn Sie wollen, können Sie sich auch eine laminierte Kopie erstellen und in Ihrer Dusche aufhängen, damit Sie jeden Morgen an seine Bedeutung erinnert werden. Ein anderer nützlicher Platz wäre die Kühlschranktür – dann sehen Sie es jedes Mal, wenn Sie die Tür öffnen!**

verwundert es auch nicht, wenn Physiker wie Carl Simonton diese ehrfurchtgebietende Kraft genutzt haben, um die bewusste Aufmerksamkeit ihrer Patienten darauf zu lenken, sich von einer Krankheit (in diesem Fall Krebs) zu befreien. Während wir vielleicht noch Jahre davon entfernt sind, solche Ergebnisse zweifelsfrei reproduzieren zu können, ist die Tatsache, dass es sie überhaupt gibt, von eminenter Bedeutung.

Der emeritierte Stanford-Professor William Tiller formuliert es so: »Wir bewegen uns im Holodeck. Es ist so flexibel, dass es alles produzieren kann, was wir uns vorstellen. Unser intentionales Denken führt dazu, dass sich etwas materialisiert, sobald unser Bewusstsein stark genug ist, und wir lernen, wie wir von unserem intentionalen Denken profitieren können.«

17 Wonach suchen Sie?

> »Die Natur hat die Entscheidung, welche sinnlichen Eindrücke dem Unterbewußtsein zugeleitet werden sollen, ausschließlich in unsere Hand gelegt«, so Napoleon Hill. Er beklagt, dass die meisten Menschen diese Kontrollmöglichkeit nicht immer nutzen und deshalb häufig scheitern.

In Idee 1 sprach ich von jenem inneren Radar, mit dem das Gehirn entscheidet, welche Informationen wir an uns heranlassen und welche wir verwerfen. Der ungarische Psychologe Mihály Csíkszentmihályi hat entdeckt, wie viel wir aussondern. Er schätzte, dass das zentrale Nervensystem in der Lage ist, pro Sekunde 126 Bits Informationen zu verarbeiten. Über unsere fünf Sinne erreichen uns aber in jeder Sekunde Millionen von Bits – von der Reklametafel bis zu Geschmack und Konsistenz unseres Frühstücksmüslis. Und dennoch nehmen wir nur einen Bruchteil dieses Datenmeeres bewusst war.

Zu einer interessanten Situation kam es, als die ersten europäischen Schiffe die Neue Welt erreichten. Obwohl die Einheimischen die von den Schiffen auf dem Wasser verursachten Wellen sehen konnten, entgingen die Schiffe selbst ihrem Blick. Ihr biologisches Filtersystem verwarf die Bilder der Schiffe, weil Schiffe dieser Art in ihren Augen »unmöglich« waren. Erst als ein Schamane tagelang auf den Ozean starrte, um die Ursache der Wellen zu ergründen, »sah« er schließlich die Schiffe und erzählte den anderen davon.

Um zu zeigen, wie unsere Sinne uns täuschen, baten Daniel Simons von der Illinois University und Christopher Chabris von der Harvard University in einer Studie Studenten, ein Video mit einem Basketballspiel anzuschauen. Vorher hatten sie ihnen erzählt, das Ziel bestünde darin, die von einer der beiden Mannschaften gespielten Pässe zu zählen. Die Teilnehmer waren dann so mit dem Zählen beschäftigt, dass sie nicht bemerkten, wie ein

Erfolg ist weder Magie noch Hokuspokus – Sie müssen lediglich lernen, sich zu konzentrieren.
Jack Canfield

als Gorilla verkleideter Mann neun Sekunden lang zwischen den Spielern herumsprang. Einmal schaute er sogar frontal in die Kamera und schlug sich auf die Brust.

Es kommt also ganz darauf an, wonach wir suchen. Laut Hill können wir die Kontrolle über die 126 bewusst wahrgenommenen Bits verbessern, indem wir unsere Aufmerksamkeit auf die richtigen Dinge lenken: auf Dinge, die wir erleben wollen, und nicht auf Dinge, die wir nicht erleben wollen. Falls Sie also mit Ihrem Leben unzufrieden sind und einen Großteil der Chancen, die sich Ihnen bieten, ungenutzt verstreichen lassen, sollten Sie diesen Tipp unbedingt beherzigen; Sie werden überrascht sein. Hill ist davon überzeugt, dass wir, indem wir unsere Entscheidungen bewusst treffen, die Realität verbessern können – eine Sichtweise, die mittlerweile auch von der Wissenschaft geteilt wird.

In den Worten von Hill: »*Das Unterbewußtsein entzieht sich zwar Ihrer völligen Kontrolle, aber Sie können ihm jeden Plan, jeden Wunsch und jedes Ziel eingeben, die Sie verwirklicht sehen wollen.*«

> *Praxistipp*
>
> **Nehmen Sie sich einen Augenblick Zeit, um sich im Raum umzuschauen und nach blauen Dingen Ausschau zu halten. Schließen Sie die Augen, und zählen Sie, an wie viele blaue Gegenstände Sie sich erinnern. Blättern Sie erst danach bis zur Seite 115 vor und lesen Sie die Frage ganz unten; schließen Sie sofort die Augen und beantworten Sie sie. Schauen Sie sich nicht um. Denken Sie dann einmal über den Unterschied nach, und überlegen Sie, ob Ihnen ähnliche Dinge auch sonst im Leben passieren. Wir finden, wonach wir suchen.**

18 Bildung ersetzt nicht Intelligenz

Der vierte Schritt besteht darin, Spezialwissen zu erwerben oder sich Zugang dazu zu verschaffen. Oder wie Hill sagt: »*Die Fähigkeit, den Wunsch nach Geld in bare Münze zu verwandeln, setzt spezielle Kenntnisse der Dienstleistungen oder Waren voraus, mit denen Sie das erstrebte Vermögen verdienen wollen.*«

Wenn allerdings Spezialwissen allein dafür verantwortlich wäre, ob jemand reich ist oder nicht, wären alle Universitätsprofessoren und Lehrer reich. Wenn Wissen Macht wäre, läge die Macht in ganz anderen Händen.

Die Welt der Wirtschaft ist voll von erfolgreichen Menschen, die, ob freiwillig oder bedingt durch die Umstände, von traditioneller Bildung wenig mitbekommen haben. Sergey Brin und Larry Page haben beide ihr Studium an der Stanford University abgebrochen, um Google aufzubauen. David Ogilvy, die Werbelegende, wurde in Oxford exmatrikuliert, nachdem er durch die Prüfungen gefallen war. Michael Dell schmiss sein Studium an der University of Texas, um sich auf seinen Computer-Direktverkauf zu konzentrieren. John F. Kennedy wurde von Harvard abgewiesen und fiel zweimal durch die New Yorker Anwaltsprüfung, aber das tat seiner Präsidentenkarriere keinen Abbruch. Andrew Carnegie, der Hill zu seinem Buch inspirierte, wusste nichts über moderne Stahlproduktion und gründete dennoch ein eindrucksvolles Imperium.

Hill berichtet, Henry Ford habe einmal eine Chicagoer Zeitung, die ihn zuvor als »ignoranten Pazifisten« bezeichnet hatte, auf Verleumdung verklagt. Der Anwalt der Zeitung, der zeigen wollte, dass die Behauptung zutreffend war, stellte Ford eine Reihe von Fragen. Bald hatte Ford genug davon und sagte: »Ich habe auf meinem Tisch verschiedene Knöpfe, und wenn ich den rechten drücke, kommen meine Assistenten, die mir *jede* Frage zu meinem Unternehmen beantworten, dem ich meine ganze Kraft widme.« Ford war vielleicht nicht im klassischen

Eine formale Ausbildung reicht vielleicht für den Lebensunterhalt; um ein Vermögen zu erwerben, muss man Autodidakt sein.
Jim Rohn

Sinne gebildet, aber er war intelligent.

Der ehemalige Chef von General Electric, Jack Welch, um ein Beispiel aus neuerer Zeit zu nennen, ist bekannt für seine Bereitschaft, Wissen von außerhalb heranzuziehen, wenn es die Zeit erfordert. Welch erhöhte den Marktwert von GE während seiner 20 Jahre als Chairman und CEO um mehr als 400 Milliarden US-Dollar. Möglich wurde das durch rücksichtslose Effizienzverbesserungen, mit denen er sich den Spitznamen »Neutronen-Jack« erwarb. Er löste eine neunschichtige Managementhierarchie auf, verkaufte leistungsschwache Geschäftsbereiche und reduzierte die Belegschaft zwischen 1980 und 1985 um 112 000 Leute. Infolgedessen mussten die Aufgaben natürlich neu verteilt werden. Angeregt durch den Kommentar eines Professors der Columbia University, engagierte Welch einige der besten Akademiker und Unternehmensberater und entwickelte das Work-out-Programm, das GE revolutionieren sollte.

Nur ein Trottel versucht, alles selbst zu wissen. Viel wichtiger ist es, zu wissen, wo die richtigen Informationen sowie die richtigen Leute zu ihrer Umsetzung zu finden sind.

Praxistipp

Welche Informationen, welches Wissen oder welche Erfahrungen fehlen Ihnen in Hinblick auf Ihr Lebensziel? Formulieren Sie einen Plan, wie Sie diesen Mangel entweder mittels Selbststudium oder mit der Hilfe anderer beheben können. Überlegen Sie, von welcher Institution oder von welchen Menschen Sie lernen können, und schlagen Sie eine Art Tauschgeschäft vor – Wissensvermittlung gegen ein paar Stunden Gratisarbeit. Seien Sie kreativ und behalten Sie Ihr Ziel im Auge.

19 Der Sympathiefaktor

Hill weist den Leser wiederholt darauf hin, dass die Erfolgsfaktoren nicht immer vorhersehbar sind, und zitiert einen gewissen Robert P. Moore mit den Worten: »*Wer sich als kontaktfreudig erwiesen hat, der besitzt gegenüber dem rein akademischen Bewerber, der ausschließlich in seinem Fach aufgeht, entscheidende Vorzüge.*«

Robert B. Cialdini, Sozialpsychologe und Autor des bahnbrechenden Buches *Einfluß. Wie und warum sich Menschen überzeugen lassen*, hebt sechs psychologische Grundprinzipien hervor, die das Verhalten lenken. Er gibt diese Prinzipien mit Reziprozität, Konsistenz/Glaubwürdigkeit, Sympathie/Vertrautheit, soziale Bewährtheit, Autorität und Knappheit an. »Sympathie« meint auch, dass Menschen mit einer gewinnenden, einnehmenden Persönlichkeit es im Leben einfach leichter haben.

Die Bereitschaft der Menschen, etwas für andere zu tun, hängt stets davon ab, wie sympathisch sie den anderen finden. Das widerspricht freilich den gängigen Klischees, etwa von der Operndiva, die nur aufzutreten bereit ist, wenn man ihr vorher eine Flasche tibetisches Quellwasser bringt, vom rücksichtslosen Geschäftsmann, der Widersacher gnadenlos bekämpft, oder von der sadistischen Vorgesetzten, die ihre Mitarbeiter zum Spaß quält.

In Wahrheit jedoch hilft Ihnen ein sympathisches Wesen, eine freundliche Ausstrahlung aus fast jeder Patsche heraus. Wir sind von Natur aus eher bereit, Fehler zu verzeihen, wenn es um Menschen geht, für die wir Sympathie hegen. Wir kaufen auch lieber von Menschen, die wir mögen. Cialdini erzählt die Geschichte von dem Detroiter Autoverkäufer Joe Girard. Er verkaufte durchschnittlich fünf Autos pro Arbeitstag und ging sogar als bester Autoverkäufer ins Guinness-Buch der Re-

Die Persönlichkeit ist jenes Glitzern, das vom Schauspieler über das Rampenlicht und den Orchestergraben hinweg bis in jenes schwarze Loch strahlt, wo das Publikum sitzt.
Mae West

korde ein. Seine Formel war einfach: ein fairer Preis und jemand, bei dem man gern kauft.

Sympathie hängt von vielen Faktoren ab. So wurde lange vermutet und nun auch wissenschaftlich bewiesen, dass physische Attraktivität die Interaktion mit anderen erleichtert. Wer gut aussieht, erzeugt unbewusst einen Haloeffekt, sodass man ihm zugleich auch Freundlichkeit, Talent und Intelligenz unterstellt – eine Rechnung, die nicht immer aufgeht, wenn man an so manche berühmte Blondine mit lächerlich kleinem Hund in einer Gucci-Tasche denkt!

Praxistipp

Bitten Sie fünf Bekannte, Ihre Persönlichkeit mit jeweils fünf Begriffen zu beschreiben. Das können Ihr Partner, Ihre Arbeitskollegen, Familienangehörige oder Freunde sein. Bestehen Sie auf ehrlichen Antworten, und versprechen Sie Ihnen, die Aussagen nicht übel zu nehmen. Gibt es Übereinstimmungen – auf der guten oder schlechten Seite? Versuchen Sie, den negativen Aspekten Ihrer Persönlichkeit bewusst gegenzusteuern, und denken Sie daran: Lächeln ist gar nicht so schwer.

Wir sind auch eher bereit, uns auf Menschen einzulassen, die wir als ähnlich empfinden. Des Weiteren wirkt Lob mitunter Wunder. Erinnern Sie sich an den Film *Die Hochzeits-Crasher*, in dem zwei junge Männer, John und Jeremy, als ungeladene Gäste an Hochzeiten teilnehmen, um junge Single-Frauen abzuschleppen? Da ist die Szene, in der John versucht, Senator Cleary, den Vater von Claire und Gloria, zu umgarnen. Der bleibt zurückhaltend. Als John ihm zu seiner jüngsten Veröffentlichung gratuliert, wird der Senator weicher; als John ihn auf sein Schiff anspricht, ist das Eis geschmolzen, und der Senator bittet ihn auf eine Zigarre nach draußen.

Talent, Intelligenz und Können stoßen irgendwann an ihre Grenzen, wenn sie nicht in einer sympathischen und freundlichen Verpackung daherkommen.

Was den Erwerb von Spezialkenntnissen betrifft, so schlägt Hill vor, Abendschulen zu besuchen oder ein Fernstudium zu beginnen: »*Der besondere Vorteil des Heimstudiums besteht darin, daß sich das Lehrprogramm den jeweiligen zeitlichen Möglichkeiten anpassen läßt.*« Dieser Rat ist heute noch ebenso gültig wie vor 70 Jahren.

Zu den größten Schwierigkeiten, die es zu meistern gilt, um von den hillschen Ratschlägen zu profitieren, gehört der allererste Schritt – die Entwicklung einer klaren Zielvorstellung. Häufig nehmen wir nach der Schule oder der Universität den erstbesten Job, ohne uns Gedanken über die weitere Richtung zu machen. Irgendwann wachen wir dann auf und stellen fest, dass wir diesen Beruf nun schon 20 Jahre lang ausüben.

Die meisten Menschen sind nicht darauf vorbereitet, langjährige Erfahrungen preiszugeben, nur weil es möglicherweise etwas gibt, was ihnen noch mehr liegt. Wir alle haben Rechnungen zu bezahlen und einige von uns haben zudem Kinder zu versorgen. Aber nichts hindert uns daran, die Füße auszustrecken und ein Fernstudium zu beginnen oder einen Abendkurs zu besuchen. Ich habe eine Bekannte, die mit ihrem Beruf unglücklich war und sich sehnlichst eine Veränderung wünschte, aber nicht wusste, in welche Richtung. Als Übergangslösung belegte sie einen Abendkurs in Malerei. Dort lernte sie sowohl ihre Ambitionen als auch ihre verborgenen Talente kennen und so ist sie mittlerweile eine erfolgreiche Künstlerin mit Aufträgen aus aller Welt. Sie lebt ihren Traum, zieht ihre Kinder auf dem Land groß und betreibt zusammen mit ihrem Ehemann eine Galerie.

Die Geschichte des Speiseeisunternehmens Ben & Jerry's begann mit einem Fernkurs in der Eisherstellung für fünf US-Dollar. Die Ex-Hippies Ben Cohen und Jerry Greenfield haben vorgemacht, wie man erfolgreich sein kann, ohne andere auszubeuten.

Manche Menschen nehmen tiefe Schlucke aus der Quelle des Wissens. Andere gurgeln nur.
GRANT M. BRIGHT

Ohne ihrer Philosophie des Caring Capitalism untreu zu werden, haben Ben und Jerry aus einem kleinen Eisladen eine internationale Marke gemacht.

Während manche im Caring Capitalism nichts anderes als eine Marketingmasche sehen, gibt es doch kaum Zweifel daran, dass Ben & Jerry's sich von anderen Unternehmen unterscheidet. In den Achtzigerjahren etwa stellte es die Produktion einer Eissorte mit Oreo-Keksen ein, weil die Oreos vom Tabakriesen RJR Nabisco geliefert wurden. Und es behandelt seine Beschäftigen gut: Mit Initiativen wie der »Joy Gang« soll sichergestellt werden, dass die Arbeit nicht langweilig wird und jeder Spaß hat. Die Ben & Jerry's Foundation erhält Jahr für Jahr 7,5 Prozent des Vorsteuergewinns – ein Anteil, der weit über dem liegt, was in anderen Unternehmen üblich ist. Ben & Jerry's wurde im Jahr 2000 für stattliche 326 Millionen US-Dollar von Unilever gekauft – keine schlechte Rendite für eine Anfangsinvestition von fünf US-Dollar –, die Fortführung der Initiativen und die Pflege der Unternehmenswerte waren Bestandteil des Übernahmevertrags.

Schalten Sie also Ihren Fernseher aus, und beginnen Sie, etwas Neues zu lernen; Sie wissen nie, wohin es Sie führen wird.

> *Praxistipp*
>
> **Statten Sie der nächstgelegenen Volkshochschule oder Abendschule einen Besuch ab oder informieren Sie sich im Internet. Suchen Sie sich etwas aus, was Sie anspricht. Die meisten Angebote sind durchaus bezahlbar und lassen sich mit Ihren übrigen Verpflichtungen vereinbaren. Man kann nie wissen – vielleicht entdecken Sie eine Leidenschaft und starten in einen neuen und erfüllenderen Beruf. Auf jeden Fall begegnen Sie gleichgesinnten Menschen und können Ihr Wissen vertiefen, sobald Sie wissen, was Sie interessiert.**

21 Machen Sie von Ihrer Fantasie Gebrauch

Der fünfte Schritt auf dem Weg zum Reichtum ist die Fantasie. Die synthetische Fantasie erlaubt es Ihnen, »*bereits vorhandene Vorstellungen, Ideen und Pläne zu neuen Konzeptionen zu verschmelzen*«. Die schöpferische Fantasie »*stellt die Brücke dar zwischen dem begrenzten menschlichen Verstand und der Allumfassenden Vernunft. Ihr verdanken wir [...] unsere ›Intuitionen‹ und ›Erleuchtungen‹.*«

Als George de Mestral die Kletten an seiner Kleidung und am Fell seiner Hunde sah, ließ er seine Fantasie arbeiten und erfand schließlich den Klettverschluss. Die Natur kannte das Prinzip zwar schon lange, aber es erforderte Mestrals Fantasie, um einen realen Nutzen für den Menschen darin zu erblicken. Mestral ließ den Klettverschluss patentieren und sein Unternehmen, Velcro Industries, verkaufte Klettverschlüsse in einer Gesamtlänge von bis zu 55 000 km pro Jahr.

Der Walkman entstand, als Sony ein bereits existierendes Produkt, das für Journalisten gedacht war, zum ersten tragbaren Musikabspielgerät weiterentwickelte. Diese Innovation veränderte nicht nur unsere Hörgewohnheiten, sondern bahnte auch den Weg für kleine MP3-Player und schließlich den allgegenwärtigen iPod.

Als Ruth Handler, Mitgründerin des Spielzeugherstellers Mattel, in einem kleinen Geschäft im schweizerischen Luzern kleine Mannequin-Puppen entdeckte, wusste sie, dass sie einen potenziellen Renner im Spielzeugmarkt vor sich hatte. Großen Widerständen im eigenen Unternehmen zum Trotz führte Handler auf der New York Toy Show des Jahres 1959 die Barbie-Puppe ein. Das nach dem Spitznamen von Handlers Tochter Barbara benannte Miniaturmodel verschaffte dem Unternehmen binnen zwei Jahren einen Umsatzzuwachs von 87 Millionen US-Dollar. Handler hatte eine bestehende Idee optimiert und auf ein

> Wenn Sie nach schöpferischen Ideen suchen, sollten Sie spazieren gehen. Wer durch die Landschaft streift, hört die Engel flüstern.
> RAYMOND INMON

ganz anderes Publikum zugeschnitten.

Die schöpferische Fantasie hingegen lässt sich eher damit vergleichen, dass wir die allumfassende Vernunft nutzen und etwas völlig Neues entwickeln. Große Komponisten haben Symphonien geschaffen, und viele ebenso große bildende Künstler und Schriftsteller lassen ihr eigenes Genie in Verbindung treten mit einer Quelle, die ihren eigenen Geist übersteigt. Albert Einstein entwickelte seine Relativitätstheorie mittels schöpferischer Fantasie. Er führte Gedankenexperimente durch und stellte sich lebhaft vor, wie es wäre, sich an der Spitze eines Lichtstrahls durch den Raum zu bewegen. Die neue Perspektive, die sich dadurch ergab, führte ihn zu einer seiner berühmtesten Entdeckungen.

Hill meint: »*Wie die Spannkraft eines Muskels bei entsprechendem Training zunimmt, so läßt sich auch die Leistungskraft der synthetischen und der schöpferischen Phantasie durch stetige Übung erhöhen*«, und fährt fort: »*Wenn auch unsere Wünsche vorwiegend mittels der synthetischen Phantasie verwirklicht werden, so gibt es doch Fälle, deren Lösung außerdem den Einsatz der schöpferischen Phantasie verlangt.*«

> *Praxistipp*
>
> **Wenn Sie ein Problem haben und keine Lösung finden, sollten Sie einen Spaziergang unternehmen – am besten an einem Ort, wo Sie laute Selbstgespräche führen können, ohne irritierte Blicke auf sich zu lenken. Beschreiben Sie das Problem, wie wenn Sie mit einem Freund sprechen würden, und bitten Sie um Vorschläge. Lassen Sie zu, dass andere Gedanken Ihren Weg kreuzen. Nehmen Sie ein Notizbuch mit, um alles festzuhalten, was Ihnen einfällt.**

22 VISIONÄRE UND MACHER

Hill meint, wir sollten mit unserer Fantasie nicht nur Ideen erzeugen, sondern auch die richtigen Leute zusammenbringen: »*Carnegie versammelte um sich Männer, die ihm jene Gedanken lieferten, die ihm selbst nicht einfielen, und die alles taten, wozu er selbst nicht imstande war. Diese Zusammenarbeit begründete den Wohlstand aller unmittelbar Beteiligten und verschaffte darüber hinaus ungezählten anderen Menschen ein sicheres Einkommen.*«

Große Wirtschaftsimperien, so vermuten wir gemeinhin, sind das Produkt schöpferischer Menschen, die vor Ideen nur so sprudeln. Aber eine Idee allein führt noch nicht weit. Häufig gelingt es den »Ideenmenschen« nicht selbst, die Brücke zwischen dem Einfall und seiner Verwirklichung zu schlagen. Hill gibt zu bedenken: »*Die Geschichte nahezu jedes großen Vermögens begann, sobald sich der Besitzer eines guten Gedankens und der gute Verkäufer guter Gedanken zusammenschlossen.*«

Die Geschichte des Unternehmens Oracle Systems begann – zunächst unter dem Namen Software Development Laboratories –, als Larry Ellison, Bob Miner und Edward Oates sich um den Auftrag für eine Software bewarben, die sie noch nicht geschrieben hatten. Sie gewannen die Ausschreibung. Miner und Oates waren die Techniker, Ellison der geborene Unternehmer – ein Abenteurer, wie er im Buche steht.

Der Softwarehersteller verdoppelte in elf der ersten zwölf Jahre seines Bestehens seinen Umsatz im Jahrestakt und verdoppelte zudem in den Geschäftsjahren 1983 bis 1990 jeweils sowohl Umsatz als auch Betriebsgewinn.

Weihnachten 1991 ging Ellison, allen Warnsignalen am Strand zum Trotz, surfen und brach sich Halswirbel, Schlüsselbein und Rippen. Auch im Unternehmen hatte er Warnungen ignoriert; im folgenden Jahr machte Oracle erstmals Verluste.

Den klassischen »Selfmademan« gibt es gar nicht. Ohne die Hilfe anderer erreicht niemand seine Ziele.
GEORGE SHINN

Das Unternehmen war allzu schnell gewachsen, und die Verkäufer hatten Produkte verkauft, die noch gar nicht existierten. Die Qualität begann zu leiden, der Aktienkurs brach ein, und der Ruf nach Ellisons Rücktritt wurde laut. Viele waren davon überzeugt, dass sein unkonventioneller und waghalsiger Stil auf das gesamte Unternehmen übergesprungen war und es in die Tiefe zog.

> *Praxistipp*
>
> **Notieren Sie die Namen von fünf Menschen, die Ihnen helfen könnten, Ihr Lebensziel zu verwirklichen. Das** können Experten auf dem von Ihnen gewählten Feld sein, Menschen, die erfolgreich ein Unternehmen aufgebaut haben, oder einfach jemand, der auf Ihre Kinder aufpasst, während Sie studieren. Überlegen Sie, was Sie den betreffenden Personen als Gegenleistung anbieten könnten.

Aber Ellison ist ein Kämpfer. Er erholte sich von seinem Surfunfall – und zudem von einem schweren Fahrradunfall, den er während seiner Rekonvaleszenz erlitten hatte. Möglicherweise weil ihn dies an die Endlichkeit des Lebens erinnert hatte, revolutionierte er das Unternehmen. Er setzte sich mit Oracles Problemen – und seinem eigenen Beitrag dazu – offen auseinander. Er kündigte Entlassungen an, beschäftigte sich mit Qualitätsfragen und gab zu, dass er für die Leitung des Unternehmens Hilfe benötigte. Ein solches Eingeständnis fällt Firmengründern in der Regel schwer. Er kaufte sich Expertise in Form eines Finanzchefs und eines Geschäftsführers ein. Im späteren Verlauf des Jahres 1992 wurde über das Unternehmen geschrieben: »Oracle hat eine der bemerkenswertesten Kehrtwendungen in der Geschichte der IT-Branche vollführt.«

Ellisons Stärke war es immer schon gewesen, mit Leuten zusammenzuarbeiten, die das konnten, was er selbst nicht konnte – er brauchte Miner und Oates und sie brauchten ihn. Bis Mitte 2000 war aus Ellisons Anfangsinvestition von 1200 US-Dollar ein Milliardenunternehmen geworden, und auch sein Privatvermögen betrug mittlerweile 27,5 Milliarden US-Dollar. Fantasie bedeutet nicht nur, Ideen zu haben, sondern auch, die richtigen Leute um sich zu versammeln.

23 Wenn der erste Plan scheitert ...

Der sechste Schritt in Richtung Reichtum ist die strukturierte Planung: »*Falls Ihr erster Plan nicht den erwarteten Erfolg hat, dann arbeiten Sie einen zweiten aus. Schlägt auch dieser fehl, ersetzen Sie ihn durch den dritten. Fahren Sie damit unverzagt fort, bis Sie Ihr Ziel erreicht haben.*« Dies ist der einzige Weg, um am Ende erfolgreich zu sein.

Mangelnde Ausdauer bei der Entwicklung neuer Pläne kann man William Wrigley nicht vorwerfen. Als er mit 32 US-Dollar in der Tasche nach Chicago kam, war sein Plan einfach: Er wollte sein eigenes Unternehmen gründen. Seine klare Zielvorstellung fest im Blick, bot er zuerst Wrigley's Scheuerseife feil. Er hatte ein ungewöhnlich gutes Gespür für Marketing und begann, jeder Seife ein Gratispäckchen Backpulver beizulegen. Das Backpulver fand bald mehr Anklang als die Seife, und so änderte er seinen Plan und verkaufte fortan Backpulver. Als Nächstes legte er dem Backpulver als Kaufanreiz zwei Päckchen Kaugummi bei. Und wieder war es das Werbegeschenk, das die Kunden mehr interessierte als das eigentliche Produkt. Wrigley änderte noch einmal seinen Plan und verkaufte fortan Kaugummi unter seinem eigenen Namen. Heute ist Wrigley's zum Synonym für Kaugummi geworden, weil er den Mut hatte, eine Chance beim Schopf zu ergreifen und seine Pläne entsprechend zu ändern.

Um auf ein jüngeres Beispiel zu sprechen zu kommen, können wir Virgin nehmen: Anders als andere Marken hat Richard Branson die seinige nicht um ein Produkt oder eine Dienstleistung, sondern um bestimmte Werte herum aufgebaut. Ich weiß nicht, wie Bransons genaue Zielvorstellung lautete, aber ich kann sie mir ungefähr denken: ein jungfräuliches Unternehmen in einem Bereich zu gründen, in dem der Kunde bislang nicht fair bedient wird. Als selbsterklärter »Kapitalist des Volkes« hat Branson seinen Plan mit Bravour umgesetzt.

Gegen das Fehlschlagen eines Planes gibt es keinen besseren Trost, als auf der Stelle einen neuen zu machen.
JEAN PAUL

Aber nicht alle seine Pläne haben funktioniert.

Als Virgin beschloss, in den Cola-Markt einzusteigen, erschien dieser Markenspagat etlichen Marktbeobachtern als zu groß. Virgin war bislang in Bereichen erfolgreich gewesen, in denen der Kunde nicht den besten Preis oder Service bekam, die Konkurrenz gering war und die Marktteilnehmer sich das Leben bequem machten. Nichts davon traf auf Coca-Cola oder Pepsi zu. Als Virgin Cola die Szene betrat, tat Coca-Cola den neuen Konkurrenten nicht als kleinen Möchtegern ab, sondern verdoppelte unverzüglich das eigene Werbebudget. Virgin Cola schaffte es nicht, einen Fuß in die Tür zu bekommen, und verschwand alsbald wieder vom Markt. Aber das war für Branson kein Beinbruch.

Behalten Sie Ihr Ziel stets im Auge, aber scheuen Sie nicht davor zurück, Ihre Pläne zu ändern. Hill warnt uns zudem davor, zu freimütig über unsere noch unverwirklichten Pläne zu sprechen, weil uns sonst womöglich ein anderer zuvorkommen könnte: »*Nicht die Worte zählen, sondern die Taten.*«

> *Praxistipp*
>
> **Blicken Sie auf Ihren letzten Plan zurück. Vielleicht wollten Sie den Umsatz Ihres Unternehmens erhöhen oder mehr Zeit mit Ihren Kindern verbringen. Prüfen Sie nun, ob es sich um einen ganz konkreten Plan handelte oder lediglich um eine vage Absicht. Häufig scheitern Pläne, weil sie gar keine sind. Gehen Sie einen Schritt zurück und brechen Sie Ihr großes Ziel auf kleinere Teilziele herunter. Ordnen Sie jedem von ihnen ein bestimmtes Zeitkontingent zu und beginnen Sie eine neue Runde.**

24 DURCHHALTEVERMÖGEN

Hill meint: »*Der Mißerfolg ist ein ironischer und gerissener Schelm. Es bereitet ihm höchstes Vergnügen, jemandem kurz vor dem Erfolg noch ein Bein zu stellen*«, und gemahnt uns an anderer Stelle: »*Wir bemerken immer nur den Reichtum der Menschen und vergessen über ihren Erfolgen alle Enttäuschungen und Rückschläge, die auch sie zu überwinden hatten, ehe sie ihr Ziel erreichten.*«

Wenn J. K. Rowling ihre Niederlagen zu ernst genommen und sich von den Absagen der ersten zwölf angeschriebenen Verlage hätte entmutigen lassen, wären Millionen von Kindern nicht in den Genuss von Harry Potter gekommen und keine begeisterten Leser geworden. *Harry Potter und der Stein der Weisen* wurde schließlich von einem kleinen Verlag namens Bloomsbury angenommen, der mittlerweile keineswegs mehr so klein ist. Rowlings Vorschuss betrug 1500 britische Pfund, das waren damals umgerechnet 2025 Euro. Heute halten ihre Bücher den Rekord für die sich am schnellsten verkaufenden Bücher aller Zeiten, und sowohl ihr Autorenhonorar als auch das Phänomen als solches sind ohne Beispiel.

Die Zahl der Absagen, die Rowling anfangs bekam, ist jedoch nichts gegen das, was Robert Pirsig mit seinem Buch *Zen und die Kunst, ein Motorrad zu warten* erlebt hat. Pirsig musste mehr als 100 Absagen ertragen, aber er hielt durch, bis das Buch schließlich im Jahr 1974 veröffentlicht wurde. Seither hat es mit über vier Millionen verkauften Exemplaren Kultstatus erreicht.

»Ehrlich gesagt, meine Liebe, das ist mir egal« – aber mach dir nichts draus, Scarlett! 25 Verleger zeigten sich unbeeindruckt von Margaret Mitchells Roman *Vom Winde verweht*. Zum Glück sagte der 26. dann doch zu. Das Buch gewann den Pulitzer-Preis, und der Film mit Clark Gable und Vivien Leigh in den Hauptrollen bekam acht Oscars.

> **Erfolg hängt zu einem maßgeblichen Teil davon ab, ob man noch durchhält, wenn andere bereits aufgegeben haben.**
> WILLIAM FEATHER

Rowland Hussey Macy hatte eine unglaubliche Pechsträhne, bis er es schließlich schaffte; es gibt wenige, die so lange durchgehalten hätten wie er. Mindestens fünf erfolglose Ansätze zur Gründung eines Ladens hatte er bereits unternommen, als er es in New York ein weiteres Mal versuchte. Erst wurden ihm Waren im Wert von 1000 US-Dollar gestohlen, dann verursachte ein Schaufensterbrand einen Schaden von 2000 US-Dollar – gewaltige Rückschläge für einen Händler mit einem Tagesverdienst von 5 US-Dollar! Die meisten Menschen hätten das Handtuch geworfen, aber nicht Macy. Er nutzte seine Erfahrungen aus seinen früheren Fehlschlägen und revolutionierte den Einzelhandel. Macy's war der erste Laden, der nur Bargeld annahm, Kundenwerbung im großen Stil betrieb und mit Einheitspreisen arbeitete, die ohne Unterschied für alle Kunden galten. Viele seiner Initiativen sind heute Standard, wie Inventurverkäufe, Freihauslieferung und gebrochene Preise, die einen Vorteil suggerieren. Wirtschaftsgeschichte schrieb er auch damit, dass er mit Margaret Getchell eine Frau zur Verkaufsleiterin machte.

Hill ermuntert seine Leser, sich nicht von Fehlschlägen und zeitweiligen Misserfolgen einschüchtern zu lassen, und verspricht ihnen, dass sich der Erfolg schon irgendwann einstellt, wenn das Verlangen danach nur groß genug ist.

Praxistipp

Betrachten Sie ein Scheitern nicht als Punkt hinter Ihren Bemühungen, sondern als Komma. Fehlschläge sind lediglich Zeichensetzungen auf dem Weg zu Ihrem Ziel; heißen Sie sie also willkommen, denn jeder von ihnen bringt Sie Ihrem Ziel näher. Notieren Sie zehn Punkte, die Sie aus Ihrem letzten Misserfolg gelernt haben. Beherzigen Sie das Gelernte bei Ihren nächsten Plänen.

25 Seien Sie mutig

Elf Eigenschaften machen für Napoleon Hill die Führungspersönlichkeit aus. Die erste ist: *»Unerschütterlicher Mut: Er beruht auf objektiver Selbsteinschätzung und genauer Kenntnis seines Berufs. Niemand läßt sich von jemandem führen, dem es an Selbstvertrauen und Mut fehlt. Kein intelligenter Mensch würde sich längere Zeit hindurch einem solchen ›Führer‹ unterordnen.«*

Es fällt nicht schwer, Beispiele von Mut im Leben zu finden. Im Allgemeinen wird über Menschen, die außergewöhnlichen Mut zeigen, in der ganzen Welt berichtet. Lance Armstrong beispielsweise bezwang nicht nur den Krebs, sondern erreichte anschließend wieder eine Fitness, von der die meisten von uns nur träumen können. Das härteste aller Radrennen zu gewinnen, ist allein schon eine Leistung, aber dies nach überstandenem Krebs gleich siebenmal zu tun, erfordert ganz spezielle Fähigkeiten.

Joe Simpson, bekannt durch sein Buch *Sturz ins Leere* und dessen Verfilmung, bewies außergewöhnlichen Mut, als er das »Unüberlebbare« überlebte. Nachdem er den 6344 Meter hohen Siula Grande in den peruanischen Anden bestiegen hatte, endete der Abstieg damit, dass er drei Tage lang mit einem zertrümmerten Bein durchs Eis kroch. Und Aron Ralston? Der schnitt sich den Arm mit seinem stumpfen Taschenmesser ab, nachdem dieser nach einem Kletterunfall von einem Felsbrocken eingeklemmt war.

Aber stellt sich die Mutfrage in derselben Schärfe auch im Wirtschaftsalltag? Hill bejaht dies mit Entschiedenheit und bezeichnet Mut als die wichtigste Eigenschaft, die eine Führungspersönlichkeit mitbringen muss. Auch wenn möglicherweise nicht das physische Überleben zur Disposition steht, geht es doch zumindest um die Lebensgrundlage von mitunter sehr vielen Menschen. Um diese Verantwortung tagaus, tagein zu schultern, bedarf es eines besonderen Menschentyps.

> Wann immer Sie ein erfolgreiches Unternehmen sehen, wissen Sie, dass da einmal jemand eine mutige Entscheidung getroffen hat.
> PETER DRUCKER

Aaron Feuerstein, CEO und Eigentümer von Malden Mills, ist ein Mensch dieses Typs. Am 11. Dezember 1995 kehrte er gerade von einer Feier zu seinem 70. Geburtstag zurück. Als er das Haus betrat, klingelte das Telefon – seine Fabrik brannte. Das Unternehmen verdankte seinen Erfolg in erster Linie der Erfindung von Polartec, einem synthetischen Fleece aus recycelten Plastikflaschen.

Praxistipp

An wen müssen Sie beim Stichwort Mut denken? Überlegen Sie, wer Sie mit seinem Mut heute oder in der Vergangenheit beeindruckt hat. Fragen Sie sich dann in Augenblicken, die Mut erfordern: »Was täte X an meiner Stelle?« Stellen Sie sich vor, Sie seien die betreffende Person, und überlegen Sie, wie Sie die Situation meistern würden. Ein solcher Perspektivenwechsel kann hilfreich sein. Nutzen Sie darüber hinaus die Kraft der Autosuggestion, um mehr Selbstvertrauen zu entwickeln.

Glücklicherweise kam niemand im Feuer um und das Unternehmen war mit 300 Millionen US-Dollar versichert. Von einem Siebzigjährigen hätte jeder erwartet, dass er das Geld genommen und sich zur Ruhe gesetzt hätte. Nicht so Feuerstein: Vor Tausenden von Beschäftigten versprach er, die Fabrik wieder aufzubauen und alle Löhne mitsamt Weihnachtsgeld und Zusatzleistungen weiterzuzahlen.

Seine Entscheidung setzte Mut und ein anderes Führungsmerkmal – ein untrügliches Gerechtigkeitsempfinden – voraus. Feuerstein wählte nicht den einfachen Ausweg, obwohl ihm daraus niemand einen Vorwurf gemacht hätte. Er hielt Wort und baute die Fabrik wieder auf.

26 Disziplin und Gerechtigkeit

Das zweite und dritte Merkmal der Führungspersönlichkeit sind Selbstbeherrschung und ein ausgeprägter Gerechtigkeitssinn. Hill mahnt uns: »*Wer sich nicht selbst zu beherrschen vermag, kann auch nicht über andere herrschen*«, und: »*Ohne ein Gefühl für Fairness und Gerechtigkeit kann sich kein Vorgesetzter die Achtung seiner Untergebenen erringen und bewahren.*«

Jack Welch ist für viele Dinge berühmt, aber was uns hier am meisten interessiert, ist das 20-70-10-System, nach dem die Mitarbeiter von General Electric bewertet wurden. Das umstrittene System war transparent und schlüssig, seine Regeln einfach zu verstehen. Diejenigen, deren Leistung im unternehmensinternen Vergleich zum obersten Fünftel gehörte, wurden mit Boni und Aktienoptionen belohnt. Die mittleren 70 Prozent behielten zumindest ihren Job und wurden dazu ermuntert, sich in die oberste Gruppe vorzuarbeiten und die damit verbundenen Vorteile zu genießen. Die untersten 10 Prozent wurden entlassen. Welchs Überzeugung, die sicherlich von den Geschäftsbilanzen gestützt wurde, lautete: Jeder verdient es, zu wissen, was von ihm erwartet wird. Wenn er sieht, dass die Regeln unterschiedslos für alle gelten, wird er dem System auch dann Fairness attestieren, wenn ihm die Regeln im Einzelnen nicht gefallen.

Kontrollen und Verfahrensregeln werden häufig als Kreativitätskiller beschrieben. Aber wie David Ogilvy in seinem Buch *Geständnisse eines Werbemannes* so zutreffend feststellt, ist ein fester Rahmen häufig die wichtigste Voraussetzung dafür, dass sich Spitzentalent entfalten kann. »Shakespeare schrieb seine Sonette innerhalb strenger Vorgaben: vierzehn Zeilen jambischer Pentameter, die sich in drei Vierzeilern und einem Zweizeiler reimen. Waren seine Sonette eintönig? Mozart schrieb seine Sonaten mit ähnlich strengen Vorgaben: Exposition, Durchführung und Reprise. Waren sie langweilig?«

> Inkonsequenz ist das Einzige, was die Menschen mit Konsequenz betreiben.
> Horatio Smith

Ebenso wichtig ist ein ausgeprägter Gerechtigkeitssinn – besonders unter dem Grundsatz, dass wir ernten, was wir säen. Kaum einer ist bereit, sich mit ganzer Kraft für ein Unternehmen zu engagieren, von dem er nicht überzeugt ist, oder sich jemandem vorbehaltlos anzuvertrauen, dessen Integrität er in Zweifel zieht. Mit der Zeit hat sich in den Menschen die Vorstellung gebildet, Reichtum gehe zwangsläufig mit Rücksichtslosigkeit, Ausbeutung und einem gnadenlosen Konkurrenzdenken einher. Wer reich ist, kann demnach gar kein guter Mensch sein, oder?

Praxistipp

Überlegen Sie, in welchem Bereich Sie das Gefühl haben, dass Sie mehr Anerkennung und Respekt verdienen, als man Ihnen entgegenbringt. Das kann bei der Arbeit oder zu Hause mit den Kindern sein. Betrachten Sie sich nun aus der Perspektive eines anderen und überdenken Sie eine Auseinandersetzung aus der zurückliegenden Zeit. Sagen Sie ehrlich, ob Ihr eigenes Verhalten wirklich fair und konsequent war. Obwohl niemand gern zugibt, wie lieb ihm Regeln sind, bieten sie doch ein Gerüst, das wechselseitiges Vertrauen erleichtert. Führen Sie als Konsequenz aus der betrachteten Situation eine neue Regel ein und halten Sie sie streng ein.

Kann er natürlich doch. Vikram Akula beispielsweise, seines Zeichens CEO und Gründer von SKS Microfinance. Dank moderner Chipkartentechnologie kann er 800 Millionen Inder, die von weniger als 2 US-Dollar pro Tag leben, Risikokapital anbieten. Die Technologie ermöglicht die bargeldlose Zuteilung kleiner Kredite – eine typische Größenordnung sind 116 US-Dollar. Das ist sicherer und ermöglicht zugleich eine elektronische Tilgung. Die Kreditausfälle sind mit zwei Prozent äußerst gering, nicht zuletzt dank dem positiven Image von SKS Microfinance. Das Unternehmen arbeitet also rentabel, und zugleich »ermöglicht es den Armen, ökonomisch auf eigenen Füße zu stehen«. So kann Nachhaltigkeit auch aussehen.

27 Unbeirrbarkeit

Laut Hill liegt das vierte wie das fünfte Geheimnis des erfolgreichen Führens in der Unbeirrbarkeit, und zwar sowohl was die Entscheidungen als auch was die Planung betrifft: »*Wer wankelmütig ist, beweist, daß er seiner selbst nicht sicher ist und deshalb andere auch nicht zum Erfolg führen kann*«, und: »*Der erfolgreiche Führungsmensch plant die Durchführung und führt die Planung durch.*«

Als Howard Schultz nach Seattle flog, um Starbucks einen Besuch abzustatten, tat er dies lediglich zu dem Zweck, die zahlreichen Kaffeemaschinen zu warten, die der beliebte kleine Kaffeeladen von ihm gekauft hatte.

Die Geschäftsidee von Starbucks orientierte sich an derjenigen von Peet's Coffee & Tea, jenem Unternehmen, das in den Vereinigten Staaten eine Vorreiterrolle bei Kaffeespezialitäten innehatte. Schultz war von Starbucks und der dortigen Leidenschaft für hochwertigen Kaffee und erstklassige Geräte so beeindruckt, dass er beschloss, dort zu arbeiten. Dennoch brauchte er ein Jahr, bis er seine Wunscharbeitgeber von der Idee überzeugt hatte.

Auf einer Italienreise im Jahr 1982 sah Schultz, wie wichtig die zentral gelegenen Kaffeebars für das Leben dort waren. Es gab sie an jeder Straßenecke und sie schweißten die Gesellschaft buchstäblich zusammen. Schultz nahm die Idee mit nach Hause, stieß dort aber auf wenig Gegenliebe. Bars waren nun mal nicht das Kerngeschäft von Starbucks, und das Unternehmen hatte wenig Interesse daran, ins Restaurantgeschäft einzusteigen. Aber Schultz erkannte das Potenzial und hielt an seinem Plan fest. Er verließ Starbucks und gründete seine eigene Kaffeebarkette – Il Giornale. Das Projekt war erfolgreich. Als sich den Starbucks-Eigentümern die Gelegenheit bot, Peet's Coffee & Tea zu kaufen, griffen sie zu und verkauften Starbucks an Schultz. Der Rest ist, wie man so schön sagt, Geschichte.

Nichts ist so ermüdend wie Unentschlossenheit und nichts ist so müßig.
BERTRAND RUSSELL

Aber es war nicht immer einfach. Einmal zahlte Schultz mehr als 500 000 US-Dollar für eine Machbarkeitsstudie zum Einstieg ins internationale Geschäft. Die Experten rieten ihm ab. Howard Schultz war der Einzige, der der Studie nicht glaubte, und es kostete ihn viel Mut und Entschlossenheit, den Schritt tatsächlich zu wagen.

Er behielt recht und 2007 betrieb Starbucks 14 396 (teils eigene, teils lizenzierte) Filialen in 43 Ländern mit geschätzt 30 Millionen Kunden wöchentlich. Das Unternehmen beschäftigt 147 000 Mitarbeiter und stand dreimal hintereinander auf der *Forbes*-Liste der 100 besten Arbeitgeber.

Hill erinnert uns daran, dass große Führungspersönlichkeiten ihre Entscheidungen rasch treffen und nur nach reiflicher Überlegung revidieren, und daran, dass sie ihre Pläne konsequent umsetzen: »*Das Leben ist eine Schachpartie, in der Sie gegen die Zeit spielen. Wer bei jedem Zug zu lange zaudert, dessen Figuren werden bald vom Brett gefegt. Die Zeit ist ein Partner, der keine Unentschlossenheit duldet.*«

Praxistipp

Legen Sie für anstehende Entscheidungen eine Liste mit den Pros und Kontras an, suchen Sie Rat oder werfen Sie eine Münze – tun Sie, was nötig ist, um zu einem Entschluss zu kommen. Selbst wenn dieser Entschluss darin besteht, keinen Entschluss zu fassen. Wenn sich Ihre Entscheidung dann als falsch erweist, wissen Sie es wenigstens und können Ihre Pläne entsprechend ändern. Zaudern ermüdet. Handeln Sie – auf die eine oder andere Weise.

28 Übertreffen Sie die Erwartungen und arbeiten Sie an Ihrer Persönlichkeit

Das sechste Charakteristikum einer Führungspersönlichkeit bildet die Gewohnheit, mehr zu tun als das, wofür man bezahlt wird, das siebte ist eine angenehme Persönlichkeit. Hill meint: *»Schlampige und nachlässige Menschen werden niemals erfolgreiche Führer sein.«* Indem Sie auf freundliche Art mehr tun, als von Ihnen erwartet wird, sichern Sie sich jedermanns Loyalität und Achtung.

Wann waren Sie das letzte Mal angenehm überrascht vom Service, den Sie von einem Unternehmen geboten bekamen?

Quad/Graphics ist mit über 13 000 Mitarbeitern und einem Umsatz von über 2 Milliarden US-Dollar Nordamerikas größtes Druckereiunternehmen. Der erste echte Durchbruch kam 1977 mit dem Auftrag, *Newsweek* zu drucken. Die bis dahin von der Zeitschrift beauftragte Druckerei wurde bestreikt. Der Film für das Titelblatt sollte zu Quad nach Wisconsin geflogen werden, aber ein Schneesturm in Chicago verzögerte die Lieferung. *Newsweek* rief Quad an, um anzukündigen, dass sich der Film verspäten würde, nur um zu hören, dass bereits jemand von der Druckerei durch den Sturm gefahren war und den Film abgeholt hatte und die Arbeiten bereits begonnen hatten. Die Bereitschaft von Quad/Graphics, Erwartungen zu übertreffen, war ein wichtiger Erfolgsfaktor. Dass das Unternehmen regelmäßig in den Charts der beliebtesten US-amerikanischen Arbeitgeber auftaucht, sagt ebenfalls viel über das dortige Klima aus.

Was die angenehme Persönlichkeit betrifft, existiert leider die Vorstellung, es handele sich dabei um eine Schwäche, die anderen lediglich die Möglichkeit verschafft, Sie zu übervorteilen. In Wirklichkeit aber schließen Stärke und Anständigkeit einander nicht aus. Vielleicht ist das Regieren mit der eisernen Faust mitunter die schnel-

> Begnügen Sie sich nicht damit, Ihre Pflicht zu tun. Das Rennen wird von dem Pferd gewonnen, das den übrigen um eine Halslänge voraus ist.
>
> *Andrew Carnegie*

lere (und bequemere) Lösung, sparen Sie sich doch auf diese Weise so manche Diskussion, aber Sie verzichten damit zugleich auf wertvolle Hilfestellungen und frische Ideen.

Menschen tun nur dann mehr als nötig, wenn es für jemanden geschieht, den sie mögen und achten. Geld allein setzt niemals solche Kräfte frei. Erinnern Sie sich an Malden Mills in Idee 25? Die Treue der Mitarbeiter zu Feuerstein war so groß, dass die Mühle nur 90 Tage nach dem Feuer wieder die alte Kapazität erreichte. Diese Einsatzbereitschaft verdankte sich nicht allein dem Versprechen Feuersteins, die Gehälter weiterzuzahlen, sondern resultierte aus einem Gefühl der persönlichen Verbundenheit, das entsteht, wenn sich Mitarbeiter gut behandelt fühlen und ihr Gegenüber sympathisch finden.

Alle großen Verkäufer, in der Vergangenheit ebenso wie in der Gegenwart, haben eines gemeinsam – die Fähigkeit, mit anderen gut zurechtzukommen. Wir akzeptieren Unzulänglichkeiten im Service und Qualitätsmängel von jemandem, der uns sympathisch ist, nicht aber von jemandem, der sich uns gegenüber grob oder arrogant aufführt.

Hill empfiehlt, an der eigenen Persönlichkeit zu arbeiten und Erwartungen zu übertreffen. Es ist dann nicht sehr schwer, sich von der Masse abzuheben, denn wo es um besonderen Einsatz geht, drängen sich nicht viele vor.

> *Praxistipp*
>
> **Notieren Sie drei Dinge, die Sie tun könnten, um jemanden, der Ihnen wichtig ist, positiv zu überraschen. Notieren Sie drei Dinge, die Sie tun könnten, um Ihre Kunden zu erfreuen oder die Beziehungen zu Ihren Geschäftspartnern zu verbessern. Das muss nichts Extravagantes sein – es sind die kleinen Dinge, die zählen. Setzen Sie mindestens einen Punkt noch heute um.**

29 Entwickeln Sie Verständnis für Ihre Mitarbeiter

Laut Hill ist das achte Attribut guter Führung Sympathie beziehungsweise Verständnis. *»Der geborene Führer muß sich in seine Gefolgsleute hineindenken können. Er muß stets Verständnis für sie und ihre Nöte zeigen.«* Wenn sich Mitarbeiter nicht geschätzt und verstanden fühlen, gehen sie innerlich auf Abstand zu ihrem Unternehmen und seiner Leitung.

Ricardo Semler ist nicht jedermann ein Begriff. Und doch ist er einer der beeindruckendsten Unternehmensvisionäre unserer Zeit, der Hills Liste von Führungseigenschaften exemplarisch verkörpert. Dabei entspricht dieser Brasilianer so gar nicht unserer Klischeevorstellung von einem Geschäftsmann.

Als er im Alter von 21 Jahren in das Familienunternehmen Semco einstieg, flogen die Funken. Das war auch nicht überraschend; Generationswechsel sind in Familienunternehmen notorisch problembelastet. Semlers Vater allerdings ging die Sache etwas anders an. Er wünschte sich so sehr, dass es funktioniert, dass er seine Anteile kurzerhand seinem Sohn übertrug und in Urlaub fuhr. Bis zum Abend seines ersten Arbeitstages hatte Semler junior 60 Prozent seiner leitenden Führungskräfte entlassen.

Das Unternehmen, wie es heute existiert, ähnelt kaum noch demjenigen, das Vater Semler einst seinem Sohn überlassen hatte, aber es steht für eine beispiellose Erfolgsgeschichte. Semco kennt keinen Pomp, keine Hierarchie, keine Visitenkarten, keine Jobbeschreibungen, kein Organigramm, keine Strategien oder Verfahren – es gibt nicht einmal einen festen CEO. Geplant wird höchstens für die nächsten sechs Monate, und persönliche Entwicklung und Zufriedenheit

> Wenn es ein Erfolgsgeheimnis gibt, dann ist es die Fähigkeit, sich in andere Menschen hineinzuversetzen und die Dinge ebenso aus deren Augen wie aus den eigenen Augen zu betrachten.
> HENRY FORD

werden größer geschrieben als die Erfüllung irgendwelcher Unternehmensziele.

Zu diesem Zweck hat Semler einige bemerkenswerte Initiativen gestartet, die aus der Work-Life-Balance kein steriles Leitbild, sondern gelebtes Leben machen. Semler, mittlerweile selbst Vater, wusste um die Erfordernisse des Familienlebens und wollte seinen Teil zur Vereinbarkeit von Beruf und Familie beitragen. Dazu entwarf er das Programm »Retire a little«, in dessen Rahmen Mitarbeiter Arbeitstage vom Unternehmen zurückkaufen können, um sich ihrer Familie, einer Leidenschaft oder einem Hobby zu widmen. In Anbetracht dessen, dass Menschen, wenn sie erst ihr Rentenalter erreicht haben, häufig nicht mehr im selben Maße in der Lage sind, ihre Träume zu verwirklichen, wie in jüngeren Jahren, möchte Semler eine Kultur schaffen, die es dem Einzelnen erlaubt, persönliche außerberufliche Ziele ebenso zu verwirklichen wie individuelle und kollektive berufliche Ziele.

Sein Verständnis für die Zwänge des modernen Lebens und seine Bereitschaft, Lösungen zu finden, sind vorbildlich. Die Mitarbeiter können sogar die vorgezogenen Rententage später wieder an das Unternehmen verkaufen, sodass sie sich auch im Rentenalter noch etwas dazuverdienen können und dem Unternehmen ihr Fachwissen erhalten bleibt.

Und das ist nicht irgendein verschrobenes Kleinunternehmen – Semco ist von ein paar Hundert auf mittlerweile 3000 Mitarbeiter angewachsen. Ungeachtet der unsteten brasilianischen Wirtschaftsentwicklung kletterte der Jahresumsatz des Unternehmens von 1994 bis 2001 von 35 Millionen auf 160 Millionen US-Dollar.

> *Praxistipp*
>
> **Wenn wir uns mit einem Problem konfrontiert sehen, sind wir häufig so sehr damit beschäftigt, Mutmaßungen über die Natur des Problems und die Erwartungen und Bedürfnisse anderer anzustellen, dass wir vergessen, genauer hinzuschauen. Überlegen Sie, auf wen es in dieser Situation am meisten ankommt, und bitten Sie den Betreffenden, seine Vorstellung von einer Ideallösung zu beschreiben. Hören Sie genau hin, was von Ihnen erwartet wird, und setzen Sie mindestens einen Aspekt sofort um.**

30 Der Teufel steckt im Detail

Das neunte wichtige Merkmal, durch das sich laut Hill die Führungspersönlichkeit auszeichnet, ist die Aufmerksamkeit für die Feinheiten, die Details: »*Wer ›zu beschäftigt‹ ist, um seine Pläne einer veränderten Lage anzupassen oder eine dringliche Angelegenheit zu regeln, der gesteht damit seine Unfähigkeit ein.*«

In seinem Buch *Why Smart Executives Fail* referiert Sydney Finkelstein die Ergebnisse einer sechsjährigen Studie. Während es nicht so schwer sein dürfte, Gesprächspartner zum Thema Erfolg zu finden, erfordert es Mut, sich mit den eigenen Misserfolgen auseinanderzusetzen. Finkelsteins Forschungsteam führte 197 Interviews mit hochrangigen Führungskräften aus über 40 Unternehmen. Deren Expertise und Offenheit führte zur Identifizierung von »sieben Gewohnheiten besonders erfolgloser Menschen«.

Finkelstein zufolge sind erfolglose Menschen häufig »ausgezeichnete Unternehmenssprecher, denen es vor allem ums Unternehmensimage geht«. Sie wollen folglich nicht mit den Details belästigt werden – genau das beschrieb Hill schon 70 Jahre zuvor.

Leider gibt es viele spektakuläre Beispiele, die zeigen, wie zerstörerisch diese Haltung sein kann, wie etwa Tyco, Enron und WorldCom. Alle waren so fixiert auf den Unternehmensmythos und das aufgeblasene Ego ihrer Führungskräfte, dass sie die Warnzeichen munter ignorierten. Tyco-CEO Dennis Kozlowski kümmerte sich kaum um betriebliche Angelegenheiten; lieber konzentrierte er sich auf Öffentlichkeitsarbeit und Unternehmensakquisitionen, die ihm den Spitznamen »Deal-a-month Dennis« einbrachten. Als bereits dicke Wolken über dem Unternehmen hingen, hielt Kozlowski weiter unbeirrt Reden und Interviews und gab sich so charismatisch, dass die Details des Unternehmens im Rummel der Begeisterung untergingen.

Der pedantische Blick auf die Feinheiten tötet häufig die Initiative, aber es gibt nur wenige erfolgreiche Menschen, die kein gutes Auge für Details haben. Lassen Sie die Details nicht links liegen. Nehmen Sie sie sich zu Herzen.
William B. Given

Ausgerechnet er unterstrich den Medien gegenüber immer wieder die Bedeutung hoher ethischer Standards – ziemlich dreist in Anbetracht dessen, dass er mittlerweile eine Gefängnisstrafe wegen Veruntreuung von Unternehmensgeldern verbüßt.

Die Führungsspitze von Enron war so geblendet von ihren Visionen, dass die Details der Unternehmensperformance kaum bis zu ihr durchdrangen. Das Unternehmen ermunterte seine Mitarbeiter zu einer Kultur der Regelübertretung, in der Kontrollen und Routinen lediglich als bürokratische Last empfunden wurden. Die reale Situation ließ sich so bestens beschönigen und/oder ignorieren. Unwissenheit ist freilich keine Entschuldigung.

Als Innenrevisorin Cynthia Cooper einen genaueren Blick auf die Details in den Büchern von WorldCom warf und Bedenken anmeldete, forderte man sie auf, sich nicht in Dinge einzumischen, die sie nichts angingen. Ihrer Standhaftigkeit ist es zu verdanken, dass die Betrügereien schließlich ans Licht kamen und das Unternehmen abgewickelt wurde.

Auch wenn in allen diesen Beispielen Betrug und unethisches Verhalten eine wesentliche Rolle spielten, schafft häufig erst die mangelnde Aufmerksamkeit für die Details jenes Umfeld, in dem so etwas geschehen kann. Hill ermahnt uns: »*Wer sich in leitender Position bewähren will, muß seine Aufgabe fest im Griff haben. Dazu gehört natürlich auch die Fähigkeit, geeignete Arbeiten fähigen Mitarbeitern anzuvertrauen.*«

Praxistipp

Stellen Sie sich eine Frage, die für viele Menschen große Bedeutung hat: Wofür geben Sie Ihr Geld aus? Führen Sie eine Woche lang ein Haushaltsbuch. Notieren Sie zu jedem Cent, den Sie ausgegeben, den Gegenwert, den Sie dafür erhalten – vergessen Sie dabei nicht den Schokoriegel aus dem Automaten und das Extrapaar Schuhe. Vermutlich werden Sie überrascht feststellen, dass das meiste Geld für die kleinen Dinge draufgeht.

31 Übernehmen Sie Verantwortung

Das zehnte Geheimnis der Führungskunst ist die Bereitschaft, Verantwortung zu übernehmen. In den Worten von Napoleon Hill: »*Der erfolgreiche Führer ist stets bereit, für die Fehler und Versäumnisse seiner Gefolgsleute einzustehen. Die Flucht vor dieser Verantwortung würde seinen eigenen Sturz bedeuten.*«

Hill fährt fort: »*Für mangelhafte Leistungen der Mitarbeiter ist der Vorgesetzte verantwortlich.*«

Ein berühmtes Beispiel aus der jüngeren Zeit dafür, wie es nicht laufen sollte, ist Enron. Als die betrügerischen Buchführungspraktiken des Unternehmens ans Licht kamen, verkündete Chairman und CEO Kenneth Lay, es könne von ihm ja schließlich nicht erwartet werden, dass er alles wüsste, was sein Finanzchef Andrew Fastow so täte.

Was es heißt, zu seiner Verantwortung zu stehen, lässt sich an keinem Beispiel besser illustrieren als an der Art und Weise, wie Johnson & Johnson die Tylenol-Krise von 1982 bewältigte. Tylenol ist ein vorwiegend in den USA verkauftes Schmerzmittel aus dem Hause Johnson & Johnson, das einen Marktanteil von 35 Prozent besaß – bis sieben Menschen nach Einnahme des Medikaments starben. Es stellte sich heraus, dass ein psychisch Gestörter das Produkt mit Zyanid versetzt hatte, wofür Johnson & Johnson natürlich nichts konnte. Anstatt sich zu distanzieren, übernahm das Unternehmen aber sofort die volle Verantwortung. 31 Millionen Flaschen Tylenol wurden zurückgezogen, und wer bereits Tylenol gekauft hatte, konnte es kostenlos umtauschen. Johnson & Johnson führte dann eine manipulationssichere Packungsversiegelung ein, die mittlerweile Branchenstandard geworden ist.

Die rasche Reaktion, die maßgeblich auf CEO Jim Burke zu-

> **Entrepreneure sind Abenteurer, die bereit sind, für eine Idee beziehungsweise ein Unternehmen ihr Geld oder ihren Ruf zu riskieren. Sie übernehmen die Verantwortung für Erfolg oder Misserfolg eines Wagnisses und sind bereit, für alle Konsequenzen geradezustehen.**
> Victor Kiam

rückging, etablierte Johnson & Johnson als Branchenführer und als ein Unternehmen, das bereit ist, die Interessen der Menschen über die eigenen Profitinteressen zu stellen. Obwohl das ganze Vergnügen 100 Millionen US-Dollar kostete und der Marktanteil auf

Praxistipp

Notieren Sie drei Dinge, die bei dem Projekt, das Sie zuletzt geleitet haben, schiefgegangen sind. Wer musste dafür einstehen? Wäre es möglicherweise Ihre Sache gewesen, zu Ihrer Verantwortung zu stehen? Wenn ja, dann versuchen Sie, die Situation den Betroffenen gegenüber nachträglich richtigzustellen.

sieben Prozent fiel, überlebte das Produkt und eroberte schon bald Marktvertrauen zurück. Jim Burke wusste, dass Führung bedeutet, Verantwortung zu übernehmen, auch wenn die Schuld ein anderer trägt.

Das war eine Lektion, die Perrier nicht so rasch lernte. Im Jahr 1990 wurden in einigen Perrier-Flaschen hohe Benzolwerte gemessen, und obgleich das Unternehmen weltweit 160 Millionen Flaschen zurückrief, kam es zu einem Informationsvakuum. Jim Burke von Johnson & Johnson war im nationalen Fernsehen aufgetreten und hatte die Medien laufend informiert; seine Präsenz und seine für alle vernehmbare Bereitschaft, die Verantwortung zu übernehmen, hatten das Publikum beruhigt. Perrier jedoch rang um die richtige Reaktion. Das Image des Unternehmens gründete auf Natürlichkeit und Reinheit, und Benzol passte da nun wirklich nicht rein. Das Unternehmen vermittelte den Eindruck, als wolle es das Geschehene herunterspielen, und verstärkte damit nur die Angst der Verbraucher – so wurde beispielsweise nur in Großbritannien eine Hotline eingerichtet, obwohl der Rückruf weltweit erfolgte. Es gibt Perrier noch immer, aber der Umsatz erreichte nie mehr das Niveau von vor 1990.

32 Kooperieren Sie mit anderen

Das elfte (und letzte) Merkmal der Führungspersönlichkeit ist die Kooperation. »*Der erfolgreiche Führungsmensch muß die Kunst der Zusammenarbeit beherrschen und pflegen. Das heißt, er muß seine Gefolgsleute zur Mitarbeit begeistern können, denn Führung beruht auf Macht, und Macht beruht auf tatkräftiger Unterstützung*«, so Hill. Zusammenarbeit ist die Voraussetzung für jeden Erfolg.

In einer Zeit, in der exorbitante Managergehälter die Gemüter erregen, ist es erfrischend, wenn jemand aus der Norm ausbricht. Der 1936 geborene Jim Sinegal ist Mitgründer und CEO von Costco. Das vorwiegend in den USA bekannte Unternehmen hat den Sprung über den Atlantik gewagt und ist mittlerweile in den Vororten vieler britischer Städte zu finden. In Anbetracht der Größe des Unternehmens mit seinen 118 000 Mitarbeitern, 473 Filialen und einem Umsatz von 51,9 Milliarden US-Dollar würde man annehmen, dass Sinegals Jahresgehalt von nicht minder eindrucksvoller Höhe wäre. Doch er begnügt sich mit 350 000 US-Dollar – ein Bruchteil dessen, was ihm legitimerweise zustünde.

Dem Druck der Wall Street, sich seinen Mitarbeitern gegenüber weniger generös zu zeigen, hält Sinegal eisern stand. In einem Umfeld, in dem ausschließlich Gewinnmargen und Bilanzen zählen, hat Sinegal gezeigt, dass es sich auszahlt, wenn man seine Mitarbeiter gut behandelt. Die Position des Unternehmens wird deutlich, wenn man bedenkt, dass die Costco-Aktie die Aktie des Erzrivalen Wal-Mart in den letzten Jahren deutlich überflügelt hat, und das, obwohl man Wal-Mart nicht vorwerfen kann, zu nett zu seinen Angestellten zu sein. Sinegals Haltung lässt sich einfach beschreiben: »Wenn Sie gute Leute einstellen und ihnen faire Löhne zahlen, werden mit Ihrem Unternehmen gute Dinge geschehen.«

Menschen, die zusammenarbeiten, werden gewinnen – sie werden eine komplexe Football-Abwehr ebenso überwinden wie die Probleme der modernen Gesellschaft.
VINCE LOMBARDI

Diese Geschichte beweist, dass ein gutes Preis-Leistungs-Verhältnis für den Kunden nicht notgedrungen auf Kosten der Löhne und Zusatzleistungen für die Beschäftigten gehen muss und dass Zusammenarbeit das Mittel der Wahl sein sollte.

Praxistipp

Denken Sie beim nächsten größeren Projekt daran, dass Sie es in kleinere handliche Einheiten unterteilen. Identifizieren Sie zuerst die für die Umsetzung des Projekts notwendigen Schritte, und nutzen Sie dann die Kraft der Kooperation, indem Sie die verschiedenen Aufgaben an Menschen in Ihrem Umkreis delegieren. Das ist auch eine gute Technik, um sich selbst zu organisieren, wenn die Projekte unübersichtlich zu werden drohen: Legen Sie für klar umrissene Teilprojekte feste Fristen fest.

Ein anderes Beispiel für die Effektivität der Zusammenarbeit ist Wikipedia, die größte multilinguale frei verfügbare Enzyklopädie im Internet. Im Jahr 1999 setzte sich der ehemalige Börsenhändler Jimmy Wales in den Kopf, die Enzyklopädie für das Internetzeitalter neu zu erfinden. Zuerst vergab er einzelne Artikel und unterzog sie einem Peer-Review-Verfahren, was sich jedoch als sehr umständlich und langwierig erwies – nach 18 Monaten hatte er erst zwölf Beiträge beisammen. Im Verein mit Larry Sanger und anderen schuf er eine frei zugängliche Plattform auf der Grundlage eines bis dahin kaum bekannten Programms namens Wiki. »Wiki« ist hawaiisch und bedeutet »schnell«, und schnell war die Methode – jeder, der eine Wikipedia-Seite besuchte, wurde aufgefordert, sie zu bearbeiten.

Diese Politik der offenen Tür hat auch Kritiker, aber die transparente Kooperation zwischen den Beiträgern sorgt dafür, dass Fehler rasch korrigiert, Quellen zitiert und verifiziert und Einseitigkeiten beseitigt werden – überraschenderweise sind ideologische Kriege und Vandalismus eher selten. Der Geist der Zusammenarbeit und die jedem offen stehende Möglichkeit, Informationen beizusteuern, zu bearbeiten und zu korrigieren, hat eine informationelle Revolution ausgelöst. Im September 2007 hatte Wikipedia 8,29 Millionen Artikel in 253 Sprachen – ein schlagender Beweis für die Kraft der Kooperation.

33 Wählen Sie Ihre Lektüre sorgfältig aus

Hill befindet, dass Zeitungen, die in Zukunft erfolgreich sein wollen, auf »Sonderprivilegien« verzichten und sich von der Abhängigkeit von der Werbung freimachen müssten. Sie dürften nicht länger Propagandaorgane sein. Zeitungen, die Skandalgeschichten und unzüchtige Bilder verbreiten würden, seien »Schund« und würden über kurz oder lang verschwinden.

Im Kapitel zum Thema Planung nennt Hill einige Gebiete, die dringend nach einer neuen Führung verlangen. Ein solches Gebiet ist der Journalismus. Leider ist das, was er vor rund 70 Jahren zu Protokoll gab, heute noch ebenso gültig wie damals, während sein Ruf nach Verbesserungen offenbar ungehört verhallte.

Unter Aufbietung aller Zurückhaltung, deren ich fähig bin, verzichte ich hier auf einen Frontalangriff auf die Qualität der meisten »Nachrichten«-Plattformen der Welt. Hier mag der Hinweis genügen, dass sich dereinst im geschichtlichen Rückblick die Zeitungen und Fernsehprogramme, die von so vielen Menschen kritiklos verschlungen werden, als die einzig wahren »Massenvernichtungswaffen« erweisen werden. Aber Scherz beiseite: Das Thema ist alles andere als banal ...

Hill berichtet, wie der New Yorker Bürgermeister während einer Grippeepidemie zu Zeiten des Ersten Weltkriegs mit drastischen Schritten die Menschen daran hinderte, sich sinnlosen Schaden zuzufügen. Er zitierte die Zeitungsleute zu sich und verkündete ihnen: »Gentlemen, ich erachte es für geboten, Sie zu bitten, keine furchterregenden Schlagzeilen über die Grippeepidemie mehr zu veröffentlichen. Nur so können wir verhindern, dass die Situation außer Kontrolle gerät.« Die Zeitungen verzichteten fortan darauf, über die Grippe zu berichten, und innerhalb eines Monats war die Epidemie bezwungen.

Was wir für wahr halten und worauf wir unsere Aufmerksamkeit richten, hat erwiesener-

> Amerika ist ein Land der Erfinder, und die größten Erfinder sind die Journalisten.
> ALEXANDER GRAHAM BELL

maßen Einfluss auf das Ergebnis. Wenn es stimmt, dass wir die Realität mit unseren emotionalisierten, dominierenden Gedanken beeinflussen, was machen dann die angstdominierten Medien mit der Realität? Sind die Bedrohungen und Gefahren, mit denen wir bombardiert werden, real, oder werden sie erst zu solchen, weil wir sie als solche wahrnehmen? Was wir in unser Bewusstsein hereinlassen und als Tatsache akzeptieren, hat gewaltigen Einfluss auf unser Wirklichkeitserleben.

Praxistipp

Wenn Sie das nächste Mal Nachrichten schauen oder die Zeitung lesen, sollten Sie einmal zählen, wie häufig darin relativierende Formulierungen wie »Nach Aussage von ...« oder »Nach dem bisherigen Kenntnisstand ist davon auszugehen ...« vorkommen. Wenn Sie diesen spekulativen Aussagen erst einmal auf der Spur sind, werden Sie merken, wie häufig Nachrichten kaum mehr als Meinungen sind. Verzichten Sie eine Woche auf die Zeitungslektüre – insbesondere auf Boulevardblätter –, und schauen Sie, ob sich die Welt möglicherweise besser anfühlt.

In dem Film *What the Bleep do we (k)now!? Ich weiß, dass ich nichts weiß!* berichtet Joseph Dispenza, Biochemiker und Gehirnforscher, wie er seinen Tag bewusst gestaltet, indem er sich morgens überlegt, was in dessen Verlauf geschehen soll. Er sagt: »Wenn ich auf diese Weise meinen Tag entwerfe und dann tatsächlich Dinge geschehen, die völlig unerklärlich sind, dann weiß ich, dass sie das Ergebnis dieses Schaffensaktes sind.« Kategorisch erklärt er, dass unsere Gedanken und Intentionen »das Quantenfeld« in schicksalsrelevanter Weise »infizieren«.

Was schaffen Sie, was bringen Sie hervor, wenn Sie den Tag mit der Düsternis der von der Weltpresse verbreiteten Katastrophennachrichten und Untergangsszenarien beginnen?

34 JEDER KANN SICH VERÄNDERN, WENN ER WILL

Napoleon Hill sieht einen der Gründe für das Scheitern in »*schädlichen Umwelteinflüssen während der Kindheit: ›Wie der Zweig gebogen wird, neigt sich der Baum‹.*« Und doch beeilt er sich zu betonen, dass kein »Grund« für ein Scheitern endgültig ist, sofern wir ihn nicht dazu erklären – jeder von uns kann sich ändern.

Auch wenn Kriminelle häufig ein Produkt ihrer Umgebung sind und die frühe Kindheit uns nachhaltig prägt, führt Hill uns anhand zahlreicher Beispiele vor, dass Vergangenheit nicht gleich Zukunft sein muss, solange wir es nicht ausdrücklich zulassen.

Er ist davon überzeugt, dass der Geist letztlich das Wesen jener Einflüsse annimmt, die ihn dominieren, und folgert daraus: »*Es ist unerläßlich, daß Sie einerseits alle positiven Gemütsregungen zu beherrschenden geistigen Kräften verstärken, andererseits aber alle negativen Empfindungen ausschalten.*«

Malcolm X, der Sohn des baptistischen Predigers Reverend Earl Little, hatte keine einfache Kindheit. Sein Vater erhielt viele Todesdrohungen von weißen Rassisten und die Familie musste noch vor Malcolms zweitem Geburtstag zweimal umziehen. Sein Vater wurde schließlich wegen seines Bürgerrechtsengagements umgebracht und seine Mutter erlitt einen Zusammenbruch. Nach diversen Aufenthalten in Heimen und Jugendarrestanstalten wurde er schließlich am 16. Januar 1946 wegen Diebstahl und Einbruch zu einer zehnjährigen Gefängnisstrafe im Staatsgefängnis von Massachusetts verurteilt. Im Gefängnis war sein Geist erneut den vorherrschen Einflüssen der Umgebung ausgeliefert, aber diesmal bekam er neue Nahrung in Form von Büchern. Er wurde auf die Organisation Nation of Islam aufmerksam und trat ihr bei. Nach seiner Entlassung wurde er muslimischer Prediger und erklärter Bürgerrechtsaktivist. Es war Malcolm X, der

Verlierer leben in der Vergangenheit. Sieger lernen aus der Vergangenheit und ziehen es vor, in der Gegenwart für die Zukunft zu arbeiten.
DENIS WAITLEY

Cassius Clay dazu brachte, der Bewegung beizutreten und seinen Namen in Muhammad Ali zu ändern. Beide wechselten später zum sunnitischen Islam. Dieser neue Einfluss veränderte Malcolms Leben ein weiteres Mal, und er schickte sich an, das Leben vieler anderer zu ändern.

Einer der einflussreichsten und geachtetsten Männer aller Zeiten ist mit Gefängniszellen ebenfalls bestens vertraut. Nelson Mandela saß von 1964 bis 1982 auf Robben Island vor Kapstadt ein. Er weigerte sich beharrlich, im Interesse einer vorgezogenen Freilassung sein politisches Ziel – die Befreiung Südafrikas von der Apartheid – zu verraten, und sein Ansehen wuchs ständig. Als er am 11. Februar 1990 schließlich freikam, stürzte er sich in seine Lebensaufgabe und die Realisierung jenes »klar definierten Ziels«, dem er und andere sich 40 Jahre zuvor verschrieben hatten. Er wurde im Jahr 1993 mit dem Friedensnobelpreis geehrt und gilt weltweit als eine der größten Führungspersönlichkeiten aller Zeiten.

> *Praxistipp*
>
> **Hören Sie auf, Dinge zu lesen, die Ihnen ein schlechtes Gefühl vermitteln. Legen Sie Bücher, die nur Elend und Leid beschreiben, beiseite, besorgen Sie sich stattdessen die Biografie von jemandem, der allen Alltagssorgen zum Trotz seinen Beitrag für das Wohl der Menschheit geleistet hat. Das ist die richtige Lektüre für Sie! Lesen Sie Hills »31 Wege zum Misserfolg« in seinem Werk *Denke nach und werde reich*, und überlegen Sie, was davon auf Sie zutreffen könnte. Denken Sie über Verbesserungsmöglichkeiten nach.**

35 Treffen Sie eine Entscheidung und halten Sie an ihr fest

Der siebte Schritt in Richtung der Verwirklichung unseres Lebensziels ist die Entscheidungsfindung. Hill erklärt, die Analyse der Lebensgeschichten von mehreren Hundert äußerst wohlhabenden Menschen habe ergeben, dass »*jeder von ihnen gewohnt war, blitzschnelle Entscheidungen zu treffen und diese – wenn überhaupt – nur nach langer und reiflicher Überlegung zu modifizieren*«.

Laut Hill gehört die mangelnde Fähigkeit, Entscheidungen zu treffen, zu den wichtigsten Ursachen eines möglichen Scheiterns. Ein Ziel, das man gar nicht kennt, aktiv in Angriff zu nehmen, ist nicht gerade einfach. Und es ist sicherlich auch nicht hilfreich, alle fünf Minuten die Meinung zu ändern.

Denn wie können wir die unsichtbaren Kräfte der allumfassenden Intelligenz mobilisieren, unsere emotionalisierten Gedanken in Realität zu verwandeln, wenn wir ständig unsere Absichten ändern? Hill sagt: »*Die Neigung, alles hinauszuschieben, gehört nun einmal zu den am weitesten verbreiteten menschlichen Schwächen und fast jeder von uns hat sie zu überwinden.*«

Die Psychologen James Waldroop und Timothy Butler von der Harvard Business School haben zwölf Verhaltensweisen identifiziert, die dem Erfolg im Wege stehen. Eine davon ist die Verzögerungstaktik, die laut Waldroop und Butler von Schamgefühlen motiviert wird. Menschen schieben Tätigkeiten vor sich her, von denen sie bewusst oder unbewusst annehmen, dass ihre Ausführung bei ihnen Schamgefühle auslösen wird – weil sie denken, dass sie es nicht gut genug können, oder weil sie um ihre Position und ihr Ansehen fürchten, falls der Versuch misslingt. Da ist es dann sicherer, die Angelegenheit vor sich herzuschie-

> Es gibt keinen unglücklicheren Menschen als denjenigen, dessen einzige Gewohnheit die Unentschlossenheit ist.
> WILLIAM JAMES

ben und externe Gründe dafür verantwortlich zu machen, als einen Versuch zu unternehmen, dessen Ausgang ungewiss ist. Diejenigen, die eine solche Verzögerungstaktik anwenden, sehen sich selbst häufig oben auf dem Berg, aber sie wollen partout nicht klettern lernen.

Aber was ist, wenn nicht die Verzögerung das Problem ist, sondern die Entscheidungsfindung selbst? Häufig wird gemutmaßt, dass, wer Entscheidungen rasch trifft, dazu eine Art sechsten Sinn nutzt – eine Vorstellung, die sicherlich auch Hill teilt. Der Kognitionspsychologe Gary Klein hingegen zeigt in seinen Studien zur Entscheidungsfindung in Situationen, in denen es um Leben und Tod geht, dass hier noch ein weniger esoterisches Element hineinspielt. Er kommt zu dem Schluss, dass diese Menschen, zum Beispiel Feuerwehrleute oder Ärzte, von ihrem Wissen und ihren Erinnerungen nicht nur nicht erdrückt werden, sondern aufgrund ihrer Erfahrung in einem bestimmten Bereich Situationen schneller einzuschätzen und ihren Ausgang zu simulieren vermögen, als ein Unerfahrener sein Notebook auspacken kann. Erfahrung und Wissen erlauben es den Entscheidungsträgern, Situationen zu erkennen und sich rasch für eine Vorgehensweise zu entscheiden. Der Aufbau eines Informations-, Wissens- und Erfahrungsschatzes – häufig über Misserfolge – stellt also ein wichtiges Teilchen im Puzzle des Erfolgs dar.

Mit Hill können wir zusammenfassen: »*Menschen, deren Traum vom Reichtum unerfüllt bleibt, treffen dagegen – wenn überhaupt – ihre Entscheidungen nur zögernd und sind nur zu gern bereit, sie oft und schnell wieder zu ändern.*«

Praxistipp

Wenn Sie dazu neigen, Entscheidungen zu treffen oder sich Ziele zu setzen und anschließend Ihre Meinung zu ändern oder Ihre Entscheidungen zu vergessen, wissen Sie am Ende vor lauter unerreichten Zielen und wieder verworfenen Entscheidungen gar nicht mehr, wo Ihnen der Kopf steht. Um wieder zu klarem Bewusstsein zu kommen, sollten Sie sich ruhig hinsetzen und sich entspannen. Stellen Sie sich vor, wie ein goldenes Netz über all die unerreichten Ziele in Ihrer Vergangenheit geworfen wird. Malen Sie sich aus, wie Sie auf einen Knopf drücken und wie die ganze stagnierende Energie, ähnlich wie das Kabel eines Staubsaugers, einfach eingezogen wird.

36 Beharrlichkeit und Ausdauer

Napoleon Hill zufolge ist Erfolg nur demjenigen vergönnt, der die nötige Ausdauer mitbringt. Manchmal scheine es, »*als habe in uns ein unsichtbarer Kompaß die Aufgabe, uns einen schwierigeren Weg zu weisen, um unsere Ausdauer auf die Probe zu stellen. Wer genügend Kraft besitzt, um sich nach jeder Niederlage wieder ›hochzurappeln‹ und weiter voranzustreben, der erreicht am Ende sein Ziel. Alle anderen rufen: Bravo! Wir wußten ja, daß du es schaffst!*«

Ein klassisches modernes Beispiel dafür, wie lukrativ Ausdauer sein kann, liefert Sir James Dyson. James Dyson, damals noch ohne Titel, beschloss, beutellose Staubsauger zu entwickeln. Jeder hielt ihn für verrückt, nicht zuletzt die Branchenkonkurrenz. Schließlich waren die Beutel eine wichtige Einnahmequelle für alle größeren Hersteller. Ein Verzicht auf die Beutel schien deshalb nicht nur technisch unvorstellbar, sondern auch finanziell nicht wünschenswert – zumindest aus Herstellersicht.

Aber Dyson blieb seiner Idee treu. Er benötigte 15 Jahre, fast alle seine Ersparnisse und 5127 Prototypen. Teil des Prozesses, der ihn schließlich zum Erfolg führte, waren seine beharrliche Entschlossenheit und etwas, was er als »provozierte Fehlschläge« bezeichnete. Die Idee ist einfach: Dinge ausprobieren, von denen üblicherweise angenommen wird, dass sie nicht funktionieren.

Als Dyson seinen mittlerweile berühmten Staubsauger entwickelte, experimentierte er anfangs mit einem konventionellen Fliehkraftabscheider, wie er in Lehrbüchern zu sehen ist. Aber das Gerät schaffte es nicht, Teppichfusseln,

> Nichts in der Welt kann die Ausdauer ersetzen. Nicht Talent – talentierte, aber erfolglose Menschen gibt es wie Sand am Meer. Nicht Genie – das brotlose Genie ist fast schon sprichwörtlich. Nicht Bildung – die Welt ist voller gebildeter Wracks. Ausdauer und Entschlossenheit allein sind allmächtig.
> CALVIN COOLIDGE

Hundehaare und Baumwollfäden zu trennen; sie bildeten vielmehr einen Ball im Innern des Geräts oder schossen durch den Ausgang und blieben im Motor hängen. Dyson experimentierte mit diversen Formen. Nichts funktionierte. Schließlich wählte er absichtlich eine falsche Form – »das Gegenteil von konisch«. Und es

> *Praxistipp*
>
> **Versuchen Sie, »Fehlschläge zu provozieren«. Denken Sie über ein gescheitertes Projekt erneut nach, und notieren Sie zehn Dinge, die nicht so funktionierten, wie man es gemeinhin erwartet hätte. Testen Sie sie systematisch, notieren Sie, was nicht funktioniert hat und warum es nicht funktioniert hat, und nutzen Sie die auf diese Weise gewonnenen Erkenntnisse für den nächsten Anlauf.**

funktionierte. Dyson erzählt: »Ich tat eher das Falsche, als dass ich falsch dachte. Das ist nicht einfach, weil wir so erzogen sind, immer das Richtige zu tun.«

Dyson zufolge geben zu viele Menschen auf, sobald sie den Eindruck haben, dass die Welt gegen sie ist. Er hingegen empfiehlt: »Das ist der Punkt, an dem Sie etwas mehr Druck machen müssen. Ich vergleiche das mit einem Wettlauf. Sie haben das Gefühl, dass Sie nicht mehr können, aber wenn Sie es schaffen, die Schmerzgrenze zu überwinden, sehen Sie das Ende und fassen wieder Mut. Häufig wartet die Lösung der Probleme hinter der nächsten Wegbiegung.« Es war Dysons Glück, dass er die Lösung stets hinter der nächsten Kurve erwartete, und hinter Kurve 5126 war es dann so weit. Sein nächster Prototyp funktionierte. James Dyson, der im Jahr 2006 geadelt wurde, gehört heute mit einem Reinvermögen von über einer Milliarde britische Pfund zu den reichsten Briten überhaupt.

Hill meint zum Abschluss: »*Bei der Betrachtung der Biographien von Propheten, Philosophen, Wundertätern und Religionsgründern der Vergangenheit drängt sich mir unabweisbar der Schluß auf, daß auch hier Ausdauer, Konzentration aller Kräfte und unbeirrbare Zielsetzung die Hauptgründe ihrer weltbewegenden Wirkungen waren.*«

37 Nur Verlierer geben auf

Als achten Schritt in Richtung Reichtum nennt Hill die Ausdauer: »*Ausdauer ist eine entscheidende Eigenschaft im Prozeß der Umwandlung Ihres Traumes von Reichtum in bare Münze. Die Quelle der Ausdauer ist die Willenskraft.*« Und er mahnt: »*Fehlende Ausdauer ist eine der Hauptursachen des Mißerfolgs.*«

Einer, der niemals aufgibt, ist Richard Branson. Nach seinem ersten Erfolg mit Virgin Records startete er eine Markenoffensive, die von Flugreisen über Züge und Mobiltelefone bis zu Finanzdienstleistungen reichte. Branson ist eine äußerst charismatische Figur, in der viele den »Robin Hood unter den Unternehmern« sehen, der Branchen mit schlechtem Serviceniveau und überhöhten Preisen ins Visier nimmt – zum Nutzen der Kunden.

Virgin gehört zu den anerkanntesten und geachtetsten Marken der Welt, und Branson ist jemand, der niemals aufgibt. Selbst als sein schwergewichtiger Konkurrent British Airways eine Schmutzkampagne gegen ihn startete, weigerte er sich, klein beizugeben. Zuvor hatte sich bereits Freddie Laker mit seinen Laker Airways erfolglos mit dem Riesen angelegt. Branson nun verkaufte sein Unternehmen Virgin Music für 560 Millionen britische Pfund – Geld, das er für seinen Kampf gegen BA benötigte – an Thorn EMI. Und er kämpfte wirklich. Zuletzt reichte er Klage ein und gewann. BA musste für die Kosten aufkommen, ihm eine Entschädigung zahlen und, was das Unternehmen vermutlich am schwersten ankam, sich vor Gericht öffentlich bei Branson entschuldigen. Dessen Entschlossenheit, auch dann nicht aufzugeben, wenn es unangenehm wird, haben wir es zu verdanken, dass wir heute billiger reisen können, ob mal eben zu einem Fußballspiel nach Mailand oder zum Wochenendshopping nach New York.

> Erfolg scheint an Handlungsbereitschaft gekoppelt zu sein. Erfolgreiche Menschen sind ständig in Bewegung. Sie machen Fehler, aber sie geben nicht auf.
> CONRAD HILTON

Es gibt viele berühmte Beispiele von Entschlossenheit, die mittlerweile legendär geworden sind. Hill erwähnt Thomas Edison, der 10 000 Versuche unternahm, bis er seine Glühlampe perfektioniert hatte. Hätte Edison nach fünf oder auch nach 500 Versuchen aufgegeben, würden wir heute vielleicht noch immer bei Gas- oder Kerzenlicht lesen.

Walt Disney soll von 321 Banken eine Absage erhalten haben, bis er jemanden fand, der ihm das nötige Geld gab, um Disneyland zu bauen. Diese Beharrlichkeit hat Millionen Menschen ein wenig glücklicher gemacht. Colonel Saunders von Kentucky Fried Chicken musste mehr Absagen hinnehmen, als er in seinem Leben warme Mahlzeiten ausgegeben hat, aber das hinderte ihn nicht daran, eine internationale Fast-Food-Kette zu gründen.

Ich bin mir noch nicht sicher, ob dieses Prinzip auch auf jene unmusikalischen Teilnehmer von TV-Castingshows zutrifft, die im Fernsehen verkünden, dass sie ihre Jobs aufgegeben und ihre Häuser beliehen haben, um ihren Traum von einer Superstar-Karriere zu verwirklichen. Nicht aufzugeben, ist eine wunderbare Eigenschaft, aber vielleicht nur unter einer Voraussetzung: Sie muss gekoppelt sein mit echtem Talent, soliden Fähigkeiten oder einer guten Idee.

> *Praxistipp*
>
> **Denken Sie an ein Ziel, das Sie gerade verfolgen. Machen Sie Fortschritte? Häufig werden Ziele nicht erreicht, weil sie aus dem Blickfeld geraten – und wenn das geschieht, sollten Sie sich fragen, wie ernst Sie es mit dem Ziel überhaupt meinen. Ist Ihr Ziel klar definiert? Haben Sie genügend Ausdauer, Begeisterung, Willenskraft und Fachkenntnisse? Legen Sie Ihr Ziel nach eingehender Prüfung entweder ad acta, oder machen Sie es sich wieder zu eigen, indem Sie sich verpflichten, jeden Tag einen Schritt in Richtung seiner Verwirklichung zu unternehmen.**

38 Ausdauer kontra sinnlose Sturheit

Hill mahnt: »*Ohne sorgfältige Planung kann selbst der intelligenteste Mensch weder ein Vermögen erwerben noch ein Unternehmen zum Erfolg führen. Schlägt aber Ihr Projekt fehl, so beachten Sie, daß ein Rückschlag niemals einen endgültigen Mißerfolg darstellt. Betrachten Sie eine solche Niederlage als vorübergehend und als Zeichen dafür, daß Ihre Pläne noch nicht völlig ausgereift waren. Arbeiten Sie an jenen so lange weiter, bis Sie Ihr Ziel dennoch erreicht haben.*«

Wo also verläuft die Grenze zwischen notwendiger Ausdauer und sinnloser Sturheit? Entscheidend ist, dass Sie Ihre klare Zielvorstellung nicht mit dem Plan verwechseln, den Sie sich machen, um Ihr Ziel zu erreichen. Manchmal sind wir so auf das »Wie« fixiert, dass wir das »Warum« aus den Augen verlieren. Al Gore beispielsweise hätte den Rest seines Lebens an seiner Niederlage bei den US-amerikanischen Präsidentschaftswahlen des Jahres 2000 knabbern können, vor allem wenn man die damit verbundenen Ungereimtheiten berücksichtigt. Aber er war klug genug, um zu erkennen, dass sein »Wie« nicht wichtiger war als sein »Warum«. Er wollte den Schutz der Umwelt verbessern, und dass ihm dies auf der politischen Ebene nicht gelang, hinderte ihn nicht daran, es auf anderem Wege weiter zu versuchen.

Einer der Gründe, warum wir unser Ziel aus den Augen verlieren können, ist das, was wir mit Robert Cialdini in Idee 19 mit »Konsistenz« oder »Glaubwürdigkeit« bezeichnet haben. Cialdini hat gezeigt, dass wir ein fast obsessives Verlangen danach haben, unser gegenwärtiges Verhalten mit unserem Handeln in der Vergangenheit in Einklang zu bringen, und sei es auch nur dem äußeren Schein nach. Er sagt: »Sobald wir eine

Wenn Sie beim ersten Anlauf keinen Erfolg haben, sollten Sie es erneut versuchen. Aber nicht bis in alle Unendlichkeit. Es bringt nichts, den Idioten zu spielen!
W. C. Fields

Entscheidung treffen oder uns zu einer Ansicht bekennen, verspüren wir einen inneren oder von außen herangetragenen Druck, nichts zu tun, was diese Entscheidung oder diese Ansicht infrage stellen könnte.« Wir sind so emsig darauf bedacht, unser Handeln und unsere Entscheidungen zu rechtfertigen, weil es uns ein tiefes Bedürfnis ist, unser bisheriges Verhalten als richtig zu betrachten. Im zwischenmenschlichen Bereich kann dies dazu führen, dass jemand eine gewaltgeprägte Beziehung fortführt und womöglich alles daransetzt, das Verhalten des Partners zu decken und zu rechtfertigen.

Praxistipp

Vergewissern Sie sich, dass es sich bei Ihrer vermeintlich klaren Zielvorstellung tatsächlich um das »Warum« und nicht um das »Wie« handelt. Fragen Sie sich in Bezug auf Ihren Traum: »Was treibt mich dorthin?« Fragen Sie so lange, bis Sie zum Grund Ihres Verlangens vorgedrungen sind. Gibt es andere Wege, wie Sie dieses Ziel erreichen können? Machen Sie sich zumindest klar, dass es immer mehrere solcher Wege gibt.

Im beruflichen Kontext entsteht daraus etwas, was Sydney Finkelstein als Verlusteskalation beschreibt. Nachdem Finkelstein sechs Jahre lang untersucht hatte, warum kluge Manager scheitern, stellte er fest, dass das obsessive Bedürfnis, frühere Entscheidungen zu rechtfertigen, Führungskräfte dazu verleiten kann, an Strategien mit ganz offensichtlichen Schwachstellen festzuhalten. Wenn Führungskräfte unfähig sind, zwischen dem Unternehmensziel und dem konkreten Handlungsplan zu seiner Verwirklichung zu unterscheiden, laufen sie Gefahr, den Erfolg ihres Unternehmens sinnlos aufs Spiel zu setzen.

Vielleicht ist diese Sehnsucht nach Rechtfertigung auch eine Erklärung für das Verhalten der Castingshow-Kandidaten. Die vor laufender Fernsehkamera abgegebene Selbstverpflichtung übt eine starke psychische Wirkung aus.

Es ist wichtig, dass Sie sich über Ihr »Warum« Klarheit verschaffen. Anschließend können Sie das »Wie« so lange beharrlich ändern, bis Sie am Ziel sind. Vielleicht möchte zum Beispiel der Castingshow-Kandidat in Wahrheit nur Liedtexte schreiben – und dazu braucht er nicht Sänger zu werden.

39 Eine Gruppe führender Köpfe

Laut Hill ist der neunte Schritt in Richtung auf die Verwirklichung einer klaren Zielvorstellung das Prinzip der führenden Köpfe. Er erklärt, dass mehrere Köpfe, die zu einer harmonischen Gruppe vereinigt sind, mehr vollbringen als ein einzelner Kopf, und fügt hinzu: »*Die potenzierte Kraft mehrerer Gehirne kommt nicht nur dem Begründer und Führer eines solchen Bündnisses kluger Köpfe zugute, sondern auch jedem einzelnen seiner Mitglieder, das von der gesamten Kapazität profitiert.*«

Hill behauptet, dass die Einheit, die entsteht, wenn zwei harmonische Köpfe zusammenarbeiten, beinahe wie eine »*unsichtbare Kraft*« ist, »*die – wie ein dritter Geist – nun bei der Lösung der gestellten Aufgabe mitwirkt*«.

Deshalb ist es auch so wichtig, einen solchen Brain-Trust zu bilden. Andrew Carnegie verdankte nach eigener Aussage seinen ganzen Reichtum einer Gruppe von Experten in seinem Unternehmen. Persönlich wusste Carnegie nichts von der technischen Seite des Stahlgeschäfts und wollte es auch nicht wissen; was er wissen musste, erfuhr er von den Mitgliedern seiner Expertengruppe.

Und vielleicht erhält diese gebündelte Energie auch Zugang zu etwas anderem – dem kollektiven Bewusstsein. Am Anfang seines beruflichen Werdegangs kam Carl Gustav Jung zu der Überzeugung, dass sich die Erfahrungen seiner Patienten nicht allein aus ihrer persönlichen Geschichte erklären ließen, dass sie irgendwie Zugang zu einer anderen Wissensquelle haben mussten. Ein Erlebnis, das Jung auf diese Idee brachte, waren die Halluzinationen eines paranoiden schizophrenen Patienten. Der junge Mann beschrieb, wie die Sonne einen Penis habe, der sich, wenn er den Kopf hin und her bewege, ebenfalls bewege, und das sei der Ursprung des Windes. Jung konnte damit unmittelbar nichts anfan-

> Große Entdeckungen und Verbesserungen sind stets das Produkt der Zusammenarbeit vieler Köpfe.
> ALEXANDER GRAHAM BELL

gen, aber Jahre später beggnete er einem 2000 Jahre alten persischen religiösen Text, der eine Anweisung für die Durchführung bestimmter Anrufungen enthielt. Eine diente dazu, eine von der Sonne herabhängende Röhre – »den Ursprung des Dienst tuenden Windes« – sichtbar zu machen.

Praxistipp

Auch wenn Sie persönlich möglicherweise keine Erfindergenies oder Superunternehmer kennen, können Sie diese Kraft aktivieren. Finden Sie andere Menschen, die dasselbe Ziel verfolgen wie Sie, und organisieren Sie regelmäßige Begegnungen, oder treffen Sie sich einfach mit einer Gruppe gleichgesinnter Freunde, mit denen Sie sich gemeinsam Gedanken zu den Zielen mal des einen und mal des anderen Teilnehmers machen.

Im Rahmen einer höchst interessanten Studie über eine Affenherde auf einer japanischen Insel wurde eine neue Nahrungsquelle – frisch geerntete, mit Sand bedeckte Süßkartoffeln – eingeführt. Die gewohnte Nahrungsquelle der Affen erforderte keine Vorbereitung und so fraßen sie die sandigen Kartoffeln nur ungern. Irgendwann kam einer der Affen auf die Idee, die Kartoffeln zu waschen, und er zeigte den Trick seiner Mutter und seinen Spielgefährten. Dann geschah etwas Merkwürdiges, so der Biologe Lyall Watson. Als eine kritische Zahl von schätzungsweise 100 »Wäschern« erreicht war, begannen alle Affen, es ihnen gleichzutun. Es gab keine physikalische Möglichkeit der Kommunikation; die Affen befanden sich an verschiedenen Orten, teilweise sogar auf verschiedenen Inseln. Aber wie wussten sie dann plötzlich alle, wie man Kartoffeln wäscht?

Die Idee eines kollektiven Bewusstseins oder einer Art von universeller Bibliothek verleiht dem in Idee 3 beschriebenen holografischen Modell – wonach wir alle miteinander verbunden sind und, was einer weiß, auch alle anderen wissen können – zusätzliches Gewicht.

40 Die Umwandlung der Geschlechtskraft

Der zehnte Schritt ist die Umwandlung der Geschlechtskraft. Das klingt vielleicht etwas merkwürdig, ist aber leicht und mühelos zu erklären. *»Die Umwandlung der Geschlechtsenergie beabsichtigt das Umschalten nur körpergerichteter Antriebe auf Gedankeninhalte und -funktionen einer anderen Ebene.«* Der Einsatz der Willenskraft zwecks Kanalisierung der geschlechtlichen Energie in etwas anderes als Sex ist offensichtlich eine unerlässliche Voraussetzung für den Erfolg!

Die Idee ist sicherlich nicht neu und in der Sportwelt ist Abstinenz vor einem wichtigen Wettkampf übliche Praxis. Muhammad Ali verzichtete vor einem Kampf angeblich sechs Wochen lang auf Sex.

In der Hindu-Tradition des Brahmacharya wird große Betonung auf die Enthaltsamkeit als Mittel gelegt, um Geist und Körper ganz auf das Ziel der spirituellen Erfüllung zu richten. Die Bewahrung der heiligen Energie gilt als ausschlaggebend für die Steigerung der intellektuellen und spirituellen Fähigkeiten.

Hill versucht seinen Lesern zweierlei zu vermitteln: *»Die von Glaube, Liebe und Geschlechtstrieb ausgehenden Gemütsbewegungen sind unter den bedeutenden positiven Regungen die mächtigsten. Verbinden sich diese drei, so vermögen sie das Denken so zu beeinflussen, daß dessen Impulse sofort das Unterbewußtsein erreichen.«* Und das ist der Grund, warum (a) alle Menschen, die Großes erreicht haben, ihren Erfolg mit über 40 erzielten, wenn Sex nicht länger das alles beherrschende Thema ist, und warum (b) *»die berühmtesten Vertreter der Literatur, Kunst, Architektur, der Industrie und Geschäftswelt sowie der akademischen Berufe ihre außergewöhnlichen Erfolge dem positiven Einfluß einer Frau verdanken«*.

Sex gibt es. Mehr ist darüber nicht zu sagen. Sex baut keine Straßen und schreibt keine Romane, und Sex verleiht sicherlich auch keiner Sache Sinn außer sich selbst.
Gore Vidal

Hill erinnert uns daran, dass »*die Blätter der Geschichte von einer großen Anzahl bedeutender Männer berichten, deren außerordentliche Leistungen unmittelbar auf Beeinflussung durch Frauen zurückzuführen sind. Diese regten die sexuellen Energien ihrer Partner an und belebten so gleichzeitig auch deren schöpferische Fähigkeiten.*«

Praxistipp

Wenn Sie sexuell aktiv sind, sollten Sie einmal eine zweiwöchige Pause einlegen. Wenn Sie eh schon – freiwillig oder nicht – abstinent sind, können Sie versuchen, diese Energie und Aufmerksamkeit in neue Projekte zu investieren, anstatt lediglich ein mürrisches Gesicht zu machen. Werden Sie sich dieser Energie bewusst, damit Sie einen Teil davon in alternative Bereiche lenken können.

Die menschliche Natur ist dergestalt, dass wir mehr für jemanden tun, den wir lieben, als für uns selbst. Wenn also ein Mann verliebt ist, so Hill, dann genügt sein Bestreben, sich dem Objekt seiner Zuneigung gegenüber als würdig zu erweisen, um Liebe, Glaube und Sex zu willfährigen Instrumenten zu machen, und seine Macht nimmt zu. Ist er dann auch noch über 40, so weiß er, dass Sex nicht das A und O im Leben ist. Er lernt folglich, einen Teil seiner sexuellen Energie in konstruktivere Projekte umzulenken – was dem Spruch »Das Leben beginnt mit 40« einen ganz neuen Sinn verleiht.

Das führt unweigerlich zu der Frage, wie sich Viagra auf den persönlichen Erfolg auswirken wird. Wenn Männer dank chemischer Hilfe nicht länger gezwungen sind, nachlassende Ambitionen im Schlafzimmer mit anderen Glanzleistungen zu kompensieren, dann wird die Welt möglicherweise etwas ärmer werden.

Übrigens ist es für Frauen ebenso wichtig wie für Männer, dass sie lernen, ihre sexuelle Energie zu kanalisieren und umzuleiten.

41 Die Bedeutung emotionalisierten Denkens

Hill schreibt: »*Welt und Leben sind seither genau geregelt und das Geschick der Zivilisation wird von den menschlichen Gefühlen bestimmt. Die Menschen sind in ihrem Handeln abhängig, und dies nicht so sehr von Einsicht wie von ihren Stimmungen. Die schöpferischen Fähigkeiten aber haben ihren Ursprung einzig und allein im Bereich der Gefühle und nicht etwa in dem der kalten Vernunft.*«

Jeder Verkäufer, der sein Geld wert ist, wird Hill in diesem Punkt zustimmen. Die Menschen lassen sich in ihrem Kaufverhalten weniger von der Vernunft als vielmehr von Gefühlen leiten. Und Hill gemahnt uns an die Macht der Gefühle, wenn er sagt: »*Bekanntlich lassen sich aus verschiedenen Bestandteilen, deren jeder für sich allein völlig harmlos ist, durch Veränderung der Quantitäten tödliche Gifte mischen. Eine ähnlich verderbliche Wirkung stellt sich ein, wenn der Mensch vom Übermaß eines Gefühls hingerissen wird.*« Und auch hier hat die Wissenschaft mittlerweile gezeigt, dass dieser Vergleich nicht nur metaphorisch zu verstehen ist.

Vor fast 2000 Jahren beobachtete der Arzt Galen, dass heitere Frauen weniger häufig Krebs bekamen als Frauen mit einer depressiven Veranlagung. Im Jahr 1783 erklärte Burrows Krankheiten mit »den schwermütigen Leidenschaften des Geistes, die den Patienten über längere Zeit heimsuchen«. Seit damals haben zahlreiche Untersuchungen Hinweise auf eine signifikante Korrelation zwischen Krankheiten und Gefühlen geliefert.

Die überzeugendsten Daten stammen von Howard Friedman und S. Boothby-Kewley, die die Ergebnisse von 101 kleineren Studien zu einer einzigen großen Studie von mehreren Tausend Patienten verdichtet haben. Diese Studie bestätigt, dass negative Gefühle schlecht für die Gesundheit sind. Menschen, die unter permanenter Angst leiden, die lange Phasen der Traurigkeit, des Pessimismus, der Spannung, der

> Nichts belebt und nichts tötet wie die Gefühle.
> Joseph Roux

Aggression, des Zynismus oder des Argwohns durchleben, haben demnach ein doppelt so großes Risiko, zu erkranken – beispielsweise an Asthma, Arthritis oder einer Herzkrankheit.

Aggressionen, Ängste und Depressionen erzeugen ohne Zweifel ein tödliches Gift. Im Jahr 1974 entdeckte der Psychologe Robert Ader, dass das Immunsystem ebenso wie das Gehirn lernen kann. Im Unterschied zur gängigen Auffassung sind Geist, Gefühle und Körper keine getrennten Einheiten, sondern unentwirrbar miteinander verflochten. Führend auf dem von Ader begonnenen und seither stark ausgeweiteten Forschungsgebiet ist Candace Pert, Chefin der Abteilung für Gehirnbiochemie am National Institute of Mental Health und Autorin des bahnbrechenden Buches *Moleküle der Gefühle*.

Wenn also emotionalisierte Gedanken das Quantenfeld dahingehend beeinflussen, dass es unsere unbewussten Wünsche erfüllt, dann steht außer Zweifel, dass negative Gefühle wie Hass, Wut und Rachegelüste Macht haben. Aber, und das ist ein entschiedenes »Aber«, wenn es stimmt, dass diese und andere negativen Gefühle dem Körper physischen Schaden zufügen, wer bezahlt dann den Preis für Hass, Wut und Rachegelüste? Das gibt der Vorstellung, dass wir ernten, was wir säen, einen ganz neuen Sinn. Alternative ebenso wie traditionelle Ärzte schreiben deshalb Gefühlen wie Liebe, Akzeptanz und Nachsicht eine starke heilende Kraft zu.

Praxistipp

Führen Sie eine Woche lang ein Gefühlstagebuch. Stellen Sie einfach einen Wecker, und notieren Sie jedes Mal, wenn er piept, so konkret wie möglich Ihre Gefühle. Unterscheiden Sie beispielsweise zwischen Wut und Irritation oder Glück und Amüsement. **Auf diese Weise erweitern Sie Ihr Gefühlsvokabular und stärken Ihr Bewusstsein für die Emotionen, in denen Sie »leben«. Die sieben wichtigsten positiven Emotionen sind Hill zufolge: Begehren, Glaube, Liebe, Geschlechtstrieb, Begeisterungsfähigkeit, Romantik und Hoffnung. Und die sieben wichtigsten negativen sind:** Furcht, Eifersucht, Hass, Rache, Habsucht, Aberglaube und Ärger.

42 Steuern Sie Ihre Gedanken mit Ihrer Willenskraft

»*Bei entsprechendem Einsatz der Willenskraft gelingt es, negative geistige Inhalte durch positive zu verdrängen. Diese Art von Selbstdisziplin fällt um so leichter, je länger wir sie üben. Auch in diesem Bereich wird das Gesetz der Transmutation wirksam. Sobald wir uns nämlich irgendeines negativen Gedankens oder Gefühls bewußt werden, lassen sich diese ganz einfach in ihr Gegenteil verwandeln, indem wir unsere Aufmerksamkeit auf positive Dinge lenken.*«
So Napoleon Hill.

Leichter gesagt als getan? Vielleicht, aber Hill erinnert uns daran, dass von nichts nichts kommt: »*Für den, der ein Genie aus sich machen will, gibt es nur ein Mittel: gezielte, eigene Anstrengung!*«

Die Gefühle bestimmen letztendlich, was wir als Realität wahrnehmen. Und was wir in einem gegebenen Augenblick fühlen, hat großen Einfluss darauf, wie wir die von unseren Sinnen vermittelten Informationen interpretieren.

Kennen Sie die Situation, dass Sie Ihre E-Mails checken und eine Nachricht Sie so richtig wütend macht? Vielleicht haben Sie einen Kollegen angeschrieben, um seine Zustimmung einzuholen, nur um jetzt die Gegenposition präsentiert zu bekommen. Überrascht lesen Sie die Mail noch einmal und erkennen, dass sie in Wahrheit mehrere Lesarten zulässt.

Aber seit jener Kollege Sie damals auf dem Weg zur Arbeit geschnitten hat, sind Sie eh nicht gut auf ihn zu sprechen. Ihr latentes Ressentiment spiegelt sich folglich in Ihrer Interpretation seiner Botschaft wider.

Wir wissen bereits, dass wir nur einen Bruchteil dessen sehen, was sich vor unseren Augen abspielt, und dass unsere Interpretationen von unseren Gedanken und

Streben Sie nicht danach, die Welt zu verändern, sondern verändern Sie lieber Ihre innere Einstellung zur Welt.

Aus dem Buch »Ein Kurs in Wundern«

unserer Stimmung abhängen. Am einfachsten ändern Sie dies folglich, indem Sie (a) Ihre Stimmung und/oder (b) Ihr Denken verändern.

Die schnellste Methode zur Veränderung der Stimmung besteht darin, den Körper zu verändern. Tun Sie etwas mit Ihrem Körper. Er hat die Fähigkeit, ein natürliches »Hoch« zu produzieren und Endorphine auszuschütten. Eine depressive Stimmung setzt eine bestimmte körperliche Verfassung voraus. Wenn Sie aber die Schultern zurücknehmen, geradeaus schauen, tief ein- und ausatmen und ein freundliches Gesicht machen, wird es Ihnen schwerfallen, Niedergeschlagenheit zu empfinden.

Indem Sie also Ihre Willenskraft einsetzen, um Ihren Körper und Ihre Gefühle zu steuern, können Sie Ihre Geistesverfassung ändern. Alternativ dazu können Sie lernen, den Dingen, die in Ihrem Leben geschehen, gezielt eine Bedeutung beizumessen, die gewährleistet, dass Sie damit positive oder zumindest neutrale Gefühle verbinden.

Man kann sich kaum etwas Schlimmeres im Leben denken, als seine Familie zu verlieren und selbst viele Jahre in einem nationalsozialistischen Konzentrationslager zu verbringen, wie es Viktor Frankl erlebt hat. Seine Fähigkeit, noch den grausamsten Dingen einen positiven Sinn abzugewinnen, ermöglichte es ihm, einen revolutionären psychotherapeutischen Ansatz zu entwickeln und den Bestseller *...trotzdem Ja zum Leben sagen* zu verfassen.

Hill erinnert uns daran, dass wir durch Willenskraft und Übung selbst die schrecklichsten Dinge in positive Wirkkräfte verwandeln können.

Praxistipp

Sie können Ereignisse interpretieren, wie Sie wollen; niemand hat die Macht, Ihnen gegen Ihren Willen Gefühle aufzuzwingen. Wenn Sie das nächste Mal wütend sind, sollten Sie einen kurzen Spaziergang unternehmen. Wenn Sie wollen, können Sie dabei Ihre Lieblingsmusik hören. Gehen Sie aufrecht und nicht zu zögerlich. Stellen Sie fest, wie anders Sie sich anschließend fühlen, und wie viel leichter es Ihnen fällt, das Ereignis zu relativieren oder ihm eine positive Bedeutung zu geben.

43 Was haben Sie alles gespeichert?

Der elfte Schritt in Richtung Reichtum ist die Beherrschung des Unterbewusstseins. Hill beschreibt das Unterbewusstsein als »*jene Bewußtseinsschicht, die jeden von einem der fünf Sinne dem Gehirn zugeleiteten Gedankenimpuls einordnet und speichert, um ihn wieder zurückrufen oder hervorziehen zu können wie Karten aus einem gefüllten Karteikasten*«.

Hill erklärt, es gebe zahlreiche Beweise dafür, dass das Unterbewusstsein das Bindeglied zwischen dem endlichen Verstand des Menschen und der unendlichen allumfassenden Vernunft darstellt. Verifiziert wurde mit Sicherheit die Vorstellung, dass alles in einer Art Ordnersystem registriert und gespeichert wird.

Wissenschaftler wie der Neurochirurg Wilder Penfield und der Psychologe Karl Lashley haben gezeigt, dass wir alles abspeichern, was wir jemals erlebt haben – vom Wetter an unserem zehnten Geburtstag über das Gesicht eines jeden Fremden, dem wir auf der Straße begegnet sind, bis zu jedem Wort eines jeden Gesprächs, das wir jemals geführt haben. Penfield vermutete, dass diese Erinnerungen im Gehirn lokalisierbar wären, während Lashley (mittels gehirnamputierter Ratten) zeigen konnte, dass sie keinen bestimmten Ort hatten. Wo waren sie also? Wo wird diese riesige Datenmenge gespeichert?

Karl Pribram, lange Zeit Neurophysiologe an der Stanford University, stellte eine Theorie auf, die der von David Bohm (vgl. Idee 3) sehr ähnlich war, die er aber unabhängig von diesem entwickelt hatte. Bohm zufolge ist die Erinnerung wie der Rest des Universums holografisch. Anders als bei einer gewöhnlichen Fotografie enthält schon ein kleiner Teil des Hologramms sämtliche Informationen des Gesamtbilds. In ähnlicher Weise konnte Pribram zeigen, dass schon ein kleiner Teil des Gehirns

> Das ist das Seltsame; ich weiß nicht, ob Unterbewusstsein der richtige Name ist, aber Dinge, die ich scheinbar nicht wahrnehme, werden irgendwo gespeichert.
> Ann Beattie

sämtliche Informationen und Erinnerungen des gesamten Gehirns enthält.

Candace Pert bewies, dass die Neuropeptide, die man ursprünglich nur im Gehirn vermutete, auch im Immunsystem und anderen Teilen des Körpers vorkommen und dass es folglich unmöglich ist, zwischen Geist und Körper zu unterscheiden. Neuere Untersuchungen lassen darauf schließen, dass unsere Erinnerungen in unseren Zellen gespeichert werden.

Praxistipp
Wählen Sie ein Thema, das Ihnen wichtig ist. Setzen Sie es in den folgenden Satz ein und ergänzen Sie ihn: »Was XY [mein Thema] betrifft, so bin ich überzeugt, dass …« Lesen Sie den Satz laut und notieren Sie Ihren ersten Gedanken. Wiederholen Sie den Vorgang, bis Sie 21 Antworten beisammen haben. Nach einigen Durchläufen wird Ihr bewusster Vorrat erschöpft sein, und Sie beginnen, in den Verliesen Ihres verborgenen Ordnersystems zu stöbern. Möglicherweise werden Sie überrascht sein, was Sie dort finden.

Nach einer Herztransplantation bekam ein achtjähriges Mädchen lebhafte Albträume. Ihre Mutter war so besorgt, dass sie ihre Tochter zu einem Psychiater brachte. Nach mehreren Sitzungen gingen sie zur Polizei. Das Spendermädchen war ein zehnjähriges Mordopfer gewesen, wovon die Empfängerin nichts wusste. Dennoch konnte sie beschreiben, was der Spenderin widerfahren war – bis hin zu Zeitpunkt, Waffe, Ort und Täterbeschreibung. Die einzig mögliche Erklärung ist das Zellengedächtnis. Aufgrund der Zeugenaussage des Mädchens wurde der Täter gefasst und für ein zuvor ungelöstes Verbrechen verurteilt. Und das ist kein Einzelfall!

Wenn das Unterbewusstsein mit all dem Treibgut unserer Existenz tatsächlich mit der allumfassenden Vernunft verbunden ist, dann ist es wichtig, dass wir Hills Techniken nutzen, um fehlgeleitete Erinnerungen, hinderliche Überzeugungen und negative Konditionierungen in unserem Ordnersystem bewusst zu überschreiben.

Hill mahnt seine Leser: »*Falls Sie Ihrem Unterbewußtsein keine positiven Vorstellungen und Wünsche zu verarbeiten geben, wird es sich geistiger Inhalte bemächtigen, die Sie ihm aus Nachlässigkeit zukommen lassen. Wie bereits ... erwähnt, erreichen ... negative und positive Gedankenimpulse ununterbrochen das menschliche Unterbewußtsein und regen es zur Tätigkeit an.*«

Das ist der Grund, warum es so wichtig ist, zum Wächter des eigenen Geistes zu werden. Das Unterbewusstsein stürzt sich stets auf die jeweils mächtigsten Gedanken. Zu unserem Leidwesen wissen wir häufig nicht, um welche Gedanken es sich handelt, weil sie so sehr zur Gewohnheit geworden sind, dass wir sie nicht mehr wahrnehmen, wie ein Fisch, der das Wasser um sich herum nicht mehr zur Kenntnis nimmt.

Einer der Gründe dafür setzt bei den bedingten Reaktionen an, die Pawlow mit seinen Hunden vorgeführt hat. Sicherlich haben Sie von dem Experiment gehört, mit dem der russische Wissenschaftler und Nobelpreisträger Iwan Pawlow gezeigt hat, wie einfach es ist, eine konditionale oder bedingte Reaktion zu erzeugen. Er fütterte eine Weile lang seine Hunde, während eine Glocke läutete. Bald reichte allein das Glockenläuten, um die Hunde sabbern zu lassen. Sie waren durch eine neue neuronale Verbindung nunmehr darauf »gepolt«, zwei Dinge in einen Topf zu werfen, die nicht zusammengehörten. Diese Entdeckung hatte weitreichende Konsequenzen für die Psychologie.

So konnte gezeigt werden, dass Lebewesen Assoziationen zwischen zwei oder mehr Ereignissen oder Reizen herstellen, um Erfahrungen zu kategorisieren und daraus für die Zukunft zu lernen. So zweckmäßig das klingen mag – diese Assoziationen sind häufig vollkommen falsch und graben sich dennoch in das Unterbewusstsein ein,

> Um Gewohnheiten zu verändern, müssen Sie eine bewusste Entscheidung treffen und das neue Verhalten konsequent umsetzen.
> MAXWELL MALTZ

um immer dann wieder zum Vorschein zu kommen, wenn einer oder mehrere dieser Reize angesprochen werden. Das wirkt besonders beim Kind, bei dem der denkende Teil des Gehirns im Gegensatz zum limbischen und emotionalen Teil noch nicht voll entwickelt ist. Wir können folglich als Kind unangemessene Assoziationen herstellen, die zu einem »Gesetz« in unserem Universum werden und unser Leben entscheidend beeinflussen.

Und das ist auch der Grund, warum unsere emotionalisierten bewussten Gedanken nicht immer Realität werden – es existieren anders lautende emotionalisierte Gedanken in unserem Unterbewusstsein, die Vorrang haben. Vielleicht wollen wir in unseren bewussten Wünschen so wohlhabend wie unser geliebter Onkel werden, der sehr reich war und leider mit 40 Jahren einem Herzanfall erlag. Als Kind haben wir eine emotionale Assoziation zwischen Reichtum und Verlust, Trauer und Tod geschaffen. Jedes Mal, wenn wir fast so weit sind, dass wir unseren Traum vom Reichtum realisieren, werden wir von einem Gefühl der Trauer ergriffen, das uns ausbremst, ohne dass wir wissen, warum. Solange wir diese unterbewussten negativen Assoziationen nicht aufdecken und neutralisieren oder mittels Autosuggestion und Visualisierung mit positiven Assoziationen überschreiben, kommen wir niemals ans Ziel.

Praxistipp

Es ist zwecklos, zu versuchen, den Prozess der eigenen unbewussten Konditionierung im Einzelnen nachzuverfolgen. Nehmen Sie entweder professionelle Hilfe in Anspruch, um Zeit zu sparen, oder akzeptieren Sie, was da ist, und überschreiben Sie die negativen Assoziationen mittels Visualisierung, Autosuggestion und positiven Bekenntnissen. Wenn Sie von Ihrer kritischen inneren Stimme Negatives zu hören bekommen, können Sie sich das Gehörte mit ins Lächerliche verstellter Stimme ein ums andere Mal laut vorsprechen. Das fühlt sich vielleicht albern an, ist aber ein gutes Ventil. Versuchen Sie es – Sie werden sich besser fühlen.

45 Das Gehirn – ein Rätsel

Der zwölfte Schritt ist die Steuerung der Gedanken: »*Bei allem Stolz auf sein Wissen und seine Kultur weiß der Mensch bis heute nahezu nichts von der größten aller unsichtbaren Kräfte, der Macht des Gedankens. Auch seine Kenntnis des physischen Gehirns mit seinem ungeheuren Netzwerk von Zellen und Nerven, das auf geheimnisvolle Weise die Energie des Gedankens in materielle Wirklichkeit verwandelt, ist noch recht begrenzt.*«

Obgleich Hill mit Begeisterung vorhersagt, dass die »*Männer der Wissenschaft*« die Wunder des menschlichen Gehirns dereinst enträtseln werden, gibt er zu, dass diese Wissenschaft noch in den »*Kinderschuhen*« steckt. Aus heutiger Sicht lässt sich festhalten: Je mehr wir über das Gehirn in Erfahrung bringen, desto deutlicher wird, wie viel wir noch nicht wissen.

Nehmen Sie beispielsweise die multiple Persönlichkeitsstörung (MPS). MPS ist ein Zustand, bei dem in ein und demselben Körper zwei oder mehr Persönlichkeiten wohnen. Häufig weiß eine Persönlichkeit nichts von der anderen und wird nur entdeckt, weil eine Persönlichkeit sich über Blackouts oder Vergesslichkeit beklagt. Interessanterweise haben 97 Prozent der Menschen mit MPS eine äußerst leidvolle Vergangenheit hinter sich, und es scheint, als erzeuge die Psyche die Störung, um mit diesen qualvollen Erinnerungen fertig zu werden. Jede Persönlichkeit übernimmt nur einen Teil der Schmerzen und kann damit leidlich funktionieren.

Die meisten Menschen in diesem Zustand haben zwischen acht und dreizehn verschiedene Identitäten. Das Außergewöhnliche an MPS ist, dass viele der Persönlichkeiten ihre je eigenen physischen und biologischen Eigenschaften haben. Abgesehen von Veränderungen in Gehirnmuster, Herzfrequenz und Haltung können die verschiedenen Persönlichkeiten in ein und demselben Körper

> Ein Verstand, der durch eine neue Idee erweitert wurde, schrumpft niemals mehr auf seine ursprüngliche Größe zusammen.
> OLIVER WENDELL HOLMES

auch unterschiedliche Allergien haben.

Bennett Braun von der International Society for the Study of Multiple Personalities in Chicago dokumentierte einen Fall, in dem alle Persönlichkeiten eines Patienten allergisch auf Orangensaft reagierten – bis auf eine. Normalerweise bekam der Patient sofort einen furchtbaren Ausschlag, aber wenn er zu der Persönlichkeit wechselte, die nicht allergisch war, konnte er ohne Probleme weitertrinken. Noch verblüffender sind die dokumentierten Fälle von Warzen und Narben, die je nach Persönlichkeit am selben Körper auftauchten und verschwanden. Farbenblindheit, Epilepsie und sogar Diabetes, die bei einer Persönlichkeit nachgewiesen wurden, waren nach dem Wechsel zu einer anderen Persönlichkeit nicht mehr auffindbar – für die Ärzte ein Rätsel.

Vieles von dem, was die Wissenschaft entdeckt, kann sie selbst nicht erklären, und die Entdeckungen auf dem Gebiet der multiplen Persönlichkeitsstörung werfen mit Sicherheit sehr viel mehr Fragen auf, als sie beantworten. Denken Sie einen Augenblick an die Konsequenzen. Wenn es einem Patienten mit MPS möglich ist, sich von seinem Diabetes zu befreien, indem er in eine andere Persönlichkeit schlüpft, kann dann eines Tages jeder von uns lernen, Krankheiten einfach abzuschalten? Die Antwort ist ein klares Ja, aber wann dieser Tag kommen wird, steht noch in den Sternen.

Praxistipp

Einiges von dem, was Sie gerade gelesen haben, können Sie möglicherweise kaum glauben. Sie brauchen sich zum Glück nicht auf mein Wort zu verlassen: Glauben Sie niemals alles, was Sie lesen. Verlangen Sie stattdessen Beweise. Gehen Sie in eine Bibliothek, surfen Sie im Internet und schlagen Sie in den am Ende des Buches angegebenen Quellen nach. Informationen wollen durchdrungen und verifiziert sein, um zu nützlichem Wissen zu werden.

46 Telepathie

In Bezug auf das Gehirn meint Hill: »*Ist hier nicht viel eher anzunehmen, daß ein System, das Milliarden von Gehirnzellen untereinander verbindet, auch die Möglichkeiten in sich birgt, Verbindungen zu anderen unsichtbaren Kräften aufzunehmen? Ja, daß es hierzu lediglich des ›Einschaltens‹ bedarf?*« Und damit ist er bei seinem nächsten Thema – Telepathie.

Hill berichtet von den Tests, die der Parapsychologe Joseph Rhine in den Dreißigerjahren mit Freiwilligen durchführte, die Karten errieten, die zufällig gezogen wurden – bei einer Wahrscheinlichkeit von eins zu über drei Millionen. In einer mittlerweile berühmten Versuchsreihe fanden die Physiker Harold Puthoff und Russell Targ vom Stanford Research Institute heraus, dass fast jeder getestete Kandidat in der Lage war, akkurat zu beschreiben, was sich ein entferntes Testsubjekt gerade anschaute. Sie bezeichneten diesen Vorgang als »remote viewing« (fernes Sehen). Die Tests wurden in Dutzenden von Laboratorien in aller Welt wie beispielsweise am Princeton Engineering Anomalies Research Laboratory von Robert Jahn und Brenda Dunne reproduziert. In 334 Versuchen stellten sie fest, dass die Testpersonen in 62 Prozent der Fälle akkurate präkognitive Informationen lieferten – weit mehr, als nach Zufallsüberlegungen zu erwarten gewesen wäre.

Erinnern Sie sich an die Zufallsgeneratoren aus Idee 16? Die 37 Zufallsgeneratoren, die am 11. September 2001 in Betrieb waren, verzeichneten an diesem Tag die größte Reaktion seit ihrem Bestehen – was möglicherweise nicht überrascht in Anbetracht der Tatsache, dass Millionen Menschen vor den Fernsehern hingen und das Geschehen live verfolgten. Diese intensive kollektive Konzentration bewirkte eine extrem ungewöhnliche Veränderung des Zufalls, die sich in den Zufallsgeneratoren niederschlug. Noch überraschender aber ist, dass die statistischen Auffälligkeiten einsetzten, noch bevor

> Ein Gehirn ist immer nur so stark wie sein schwächster Denkvorgang.
> Thomas L. Masson

das erste Flugzeug in das World Trade Center einschlug – was darauf schließen lässt, dass wir alle über präkognitive Fähigkeiten verfügen!

Deuten diese Phänomene auf telepathische Kräfte hin oder sind wir alle auf einer bestimmten Ebene durch ein kollektives Bewusstsein miteinander verbunden? Das ist es jedenfalls, was die Forschungen zu Nahtoderfahrungen vermuten lassen. Der Psychologieprofessor Kenneth Ring von der University of Connecticut hat Nahtoderfahrungen mit statistischen Analysemethoden und standardisierten Interviewverfahren untersucht und dabei viele Fälle dokumentiert, in denen die »Rückkehrer« Dinge wussten, die sie eigentlich nicht hätten wissen können. Ein Mann beispielsweise warf kurz nach dem Erlebnis den Namen »Max Planck« in den Raum. Er hatte keine Idee, wer Max Planck war, und erzählte diverse Dinge, die er selbst für Unsinn hielt. Erst später erfuhr er, dass Max Planck gemeinhin als der Vater der Quantenphysik gilt und dass der vermeintliche Unsinn alles andere als Unsinn war.

Was das für uns bedeutet, ist unklar, wenngleich immer deutlicher wird, dass der Verstand zu Dingen in der Lage ist, die weit über das hinausgehen, was wir für »normal« halten. Hills These, dass Gedanken Macht haben und dass wir uns dieser Macht bewusst werden müssen, erscheint deshalb immer plausibler.

Praxistipp

Wissenschaftliche Ergebnisse deuten darauf hin, dass jeder von uns über psychische Fähigkeiten der einen oder anderen Form verfügt. Wer kleine Kinder hat, weiß dies vermutlich. Wenn wir älter werden und die Welt uns erzählt, es gebe keine Telepathie, verschwinden diese Fähigkeiten. Wenn Sie das nächste Mal etwas vergeblich suchen, können Sie vor dem Schlafengehen Ihrem Unterbewusstsein den Auftrag geben, es im Schlaf zu finden. Stellen Sie sich innerlich ganz darauf ein, den Ort zu erfahren, an dem sich das gesuchte Objekt befindet, und lassen Sie sich überraschen, was Ihnen am nächsten Morgen einfällt!

47 Eingebungen

Der letzte Schritt in Richtung Reichtum ist die Verwendung unseres sechsten Sinnes: »*Die großen Künstler, Schriftsteller, Dichter und Musiker verdanken ihre Bedeutung vor allem der Gewohnheit, ihre schöpferische ›Einbildungs‹-Kraft für jene ›leise Stimme‹ zu schärfen, die in uns spricht. Gerade sie, die am reichsten mit Phantasie gesegnet sind, wissen sehr genau, daß ihre besten Ideen ›Eingebungen‹ entstammen.*«

Hill beschäftigt sich intensiv mit Elmer Gates und seinem Warten auf Eingebungen. Gates hatte einen »persönlichen Kommunikationsraum« in seinem Laboratorium, der weitestgehend schallisoliert war und in dem sich lediglich ein Stuhl, ein kleiner Tisch und ein Schreibblock befanden. Wenn ihn ein Problem fesselte, zog er sich in seinen kleinen Raum zurück und konzentrierte sich auf die bekannten Faktoren der Erfindung, die ihm Probleme bereitete. Anschließend saß er so lange schweigend in dem dunklen Raum, bis die Ideen in seinen Kopf strömten, woraufhin er schleunigst das Licht anknipste, um sie schriftlich festzuhalten.

Obgleich Gates als Erfinder höchst produktiv war und unter anderem den Schaumfeuerlöscher erfand, betrachtete er sich selbst nicht als Erfinder. Er verstand sich vielmehr als Psychologe und betrieb die Erfinderei lediglich, um dabei studieren zu können, wie das Gehirn funktioniert, wenn es optimal arbeitet. Er wollte wissen, wie sich Genie reproduzieren lässt.

Folglich widmete er sein Leben der »Kunst, den Kopf einzusetzen«. Er stellte die These auf, dass es eine korrekte Denkweise oder Gedankenordnung gab, deren Einhaltung Zugang zur Sphäre der Genialität gewährte. Gates vermutete, dass die durch seine Vorgehensweise in Gang gesetzte ungewöhnliche mentale Aktivität ungewöhnliche strukturelle oder chemische Veränderungen im Gehirn produzier-

Eine Eingebung ist Kreativität, die uns etwas zu sagen versucht.
FRANK CAPRA

te. In Anbetracht der von ihm während seines Lebens angemeldeten über 200 nützlichen Patente kann man getrost annehmen, dass er auf dem richtigen Weg war.

Im Jahr 1931 beschrieben Platt und Baker die Eingebung als »eine verbindende und klärende Idee, die als Lösung auf ein Problem, an dem wir stark interessiert sind, in unser Bewusstsein dringt«. Um herauszufinden, welchen Anteil Eingebungen an wissenschaftlichen Entdeckungen hatten, befragten sie zahlreiche Chemiker und erhielten 232 Antworten. Erstaunliche 83 Prozent von ihnen wussten, was mit Eingebung gemeint war, und viele sahen sie an wichtigen wissenschaftlichen Fortschritten beteiligt. Eingebungen stellen sich für gewöhnlich nach langen Forschungsbemühungen ein, und zwar anscheinend in einem Augenblick, in dem der Forscher nicht aktiv an seinem Problem arbeitet.

Hermann von Helmholtz, ein großer deutscher Physiker und Physiologe, sagte, Eingebungen kämen ihm, nachdem er ein Problem »in alle Richtungen« analysiert habe. Er bestätigte die Bedeutung der Ruhe für die Entwicklung origineller Ideen. Nach vielen Jahren, in denen er lediglich Daten gesammelt hatte, ohne sich einen Reim darauf bilden zu können, sagte Charles Darwin: »Ich weiß noch die Stelle der Straße, an der ich mich befand, als mir zu meiner großen Freude die Lösung klar wurde.« Bei der Lösung handelte es sich natürlich um die Evolutionstheorie.

Praxistipp

Begeben Sie sich an einen ruhigen Ort, an dem Sie ungestört sind, und tauchen Sie ganz in das Problem ein, das Sie gerade beschäftigt. Konzentrieren Sie sich auf die bekannten Tatsachen und erzeugen Sie anschließend ein Bild vom idealen Ergebnis. Stellen Sie sich vor, wie Sie triumphierend die Lösung des Rätsels in der Hand halten; kosten Sie das Gefühl des Erfolgs gründlich aus. Sobald Sie sich ganz mit dem Ergebnis identifiziert haben, können Sie rückwärtsgehen und sehen, was Sie getan haben.

48 MEDITATION

Hill sagt: »*Das Verstehen des sechsten Sinnes gelingt nur in der Meditation durch öffnen (sic) des inneren geistigen Auges.*« Nachdem bewiesen ist, dass den Gedanken eine starke Kraft innewohnt, folgt daraus unmittelbar, dass die Meditation, mit der die Menschen seit jeher ihre Gedanken steuern, ein höchst vorteilhaftes Instrument darstellt.

Schon im 6. Jahrhundert v. Chr. empfahl der griechische Philosoph und Mathematiker Pythagoras: »Lerne zu schweigen. Lasse deinen schweigenden Geist lauschen und absorbieren.« Schätzungen zufolge haben wir täglich 60 000 einzelne Gedanken. Kann es uns da verwundern, wenn die allumfassende Vernunft nicht weiß, was wir damit zum Ausdruck bringen wollen? Meditation ist eine Methode, um die Lautstärke all der vielen unfruchtbaren Gedanken zu reduzieren, damit die wirklich wichtigen Gedanken »gehört« werden können.

Die Wirksamkeit der Meditation wird heute von Richard Davidson von der University of Wisconsin, einem Pionier im Bereich der Geist-Körper-Medizin, untersucht. Im Rahmen einer Kooperation mit dem Dalai Lama setzt Davidson mentale und emotionale Zustände mit beobachtbaren Hirnaktivitätsmustern in Beziehung. Indem er tibetische buddhistische Mönche verkabelte, konnte er zeigen, dass Meditation die Gehirnfunktion verändert, auf dass auch die Skeptiker unter uns erkennen, wie wirksam das Instrument der Meditation sein kann. So stellte er beispielsweise fest, dass der Hirnbereich hinter der linken Stirn im Zustand tiefer Meditation eine auffällig starke neuronale Aktivität aufweist. Mit der Identifizierung von Interaktionen zwischen diesem präfrontalen Kortex und dem Mandelkern (einem wichtigen Zentrum für die Verarbeitung von Erinnerungen und Gefühlen) ebneten seine Arbeiten den Weg für die medikamentöse Behandlung von Stimmungs- und Angststörungen. Sie

Alle Probleme der Menschen haben ihren Grund in der Unfähigkeit, still und allein in einem Raum zu sitzen.
BLAISE PASCAL

sind zugleich ein Beispiel dafür, wie der Westen und der Osten zusammenarbeiten.

Rufen Sie sich noch einmal die Zufallsgeneratoren in Erinnerung, über die ich in Idee 16 sprach. Im Rahmen des Experiments, das zeigen sollte, inwieweit Geist und Materie interagieren können, luden die Wissenschaftler eine Gruppe meditationserfahrener Probanden ein, um zu sehen, ob ihre ausgezeichnete Gedankenkontrolle und ihr Gruppenzusammenhalt den Zufallscharakter der Generatoren signifikant beeinflussen könnten. Die Ergebnisse sprachen auch in diesem Fall eine deutliche Sprache und ließen zwei Schlussfolgerungen zu. Erstens erlaubt es uns die Meditation, den Lärm des Alltags hinter uns zu lassen und auf diese Weise unseren bewussten gerichteten Gedanken mehr Kraft zu verleihen; und zweitens ist Gruppendenken eine starke Kraft. Sie können dem Gruppendenken mit dem Brain-Trust-Prinzip (»führende Köpfe«) ein positives Vorzeichen verleihen; die Anpassung an die vermutete Meinung der Gesamtgruppe kann aber auch zu unangemessenen Entscheidungen führen. Sie haben die Wahl.

Meditation verschafft uns Zugang zu dem, was Hill als den sechsten Sinn bezeichnet. Es ist der Raum zwischen den Noten, der die Musik macht; es ist der Raum zwischen den Worten, der Bücher lesenswert macht; und es ist der Raum zwischen den Formen, der Schönheit erzeugt. Meditation schafft Raum zwischen den Gedanken, damit neue Ideen entstehen können.

Praxistipp

Versuchen Sie auf folgende Weise, geistig zur Ruhe zu kommen. Wenn Sie wütend und aufgebracht sind, spazieren Sie durch den Raum und benennen Sie laut alle Dinge, denen Sie begegnen. Sagen Sie »Sofa«, »Stuhl«, »Tisch«, »Buch« – so lange, bis Sie eine innere Leere verspüren. Versuchen Sie es einfach, auch wenn es auf jemanden, der gerade jetzt den Raum betritt, befremdlich wirken mag. Nach einer Weile wird Ihr Geist einfach abschalten. Setzen Sie sich dann für einen Augenblick hin und genießen Sie das Gefühl der Leere.

49 Beschäftigen Sie einen unsichtbaren Ratgeber

Hill empfiehlt den Einsatz von »*unsichtbaren Ratgebern*« als eine Möglichkeit, um den sechsten Sinn zu entwickeln. Das Zusammenkommen von Vernunft und spirituellem Bewusstsein wird als der Punkt betrachtet, an dem sich der menschliche Geist mit der allumfassenden Vernunft trifft. Die Entwicklung dieses sechsten Sinnes ist der Höhepunkt der hillschen Philosophie.

Ganz richtig behauptet Hill, dass Sie sich erst das übrige in seinem Buch dargebotene Wissen aneignen müssen, bevor Sie »*über die innere Bereitschaft verfügen, eine Behauptung als wahr anzuerkennen, die Ihnen sonst als unglaubhaft erscheinen müßte. Diese lautet: Der sechste Sinn vermag Sie vor drohenden Gefahren so rechtzeitig zu warnen, daß Sie sie abzuwenden vermögen; er kündigt günstige Gelegenheiten so frühzeitig an, daß Sie sie nützen können.*« Ein Schutzengel also, wenn Sie so wollen.

Hill erklärt im Folgenden, wie Sie eine imaginäre Runde von Beratern einberufen, und zwar mit Persönlichkeiten aus der Vergangenheit und der Gegenwart, die Sie am meisten bewundern. Er selbst wählte anfangs Emerson, Paine, Edison, Darwin, Lincoln, Burbeck, Napoleon, Ford und Carnegie, von denen jeder über Qualitäten verfügte, die Hill bewunderte und selbst gern gehabt hätte. Viele Jahre lang hieß er sie jeden Abend mit deutlich vernehmbarer Stimme als seine unsichtbaren Ratgeber willkommen, indem er sie beim Namen nannte, ihre Qualitäten ansprach und sie respektvoll bat, ihn an ihrer Weisheit teilhaben zu lassen. Sobald alle anwesend waren, richtete Hill das Wort an sie. In der Gruppe entspann sich ein Gespräch und Hill bat um Rat hinsichtlich seines Lebensziels – der Vervollkommnung seiner Philosophie des Erfolgs.

Indem wir lernen, mit unserer Intuition in Kontakt zu treten, auf sie zu hören und nach ihr zu handeln, können wir unmittelbar mit der höheren Macht des Universums in Verbindung treten und sie zu unserer lenkenden Kraft machen.
SHAKTI GAWAIN

Hill sagt: »*Nachdem ich diese Sitzungen monatelang jeden Abend abgehalten hatte, stellte ich zu meinem eigenen Erstaunen fest, daß meine unsichtbaren Partner immer lebendiger wurden. Jeder dieser neun Männer entwickelte persönliche Eigentümlichkeiten, die mich in Erstaunen setzten. Lincoln, zum Beispiel, erschien immer als einer der letzten und begab sich dann in feierlich gemessenem Schritt zu seinem Platz am Konferenztisch.*« Die Treffen wurden so real, dass sie Hill unheimlich wurden und er sie stoppte.

> *Praxistipp*
>
> Wenn Sie Kommunikationsprobleme mit jemandem haben, können Sie sich in einem ruhigen Augenblick, in dem Sie allein sind, vorstellen, Sie wären mit dieser Person zusammen. Erklären Sie Ihrem fiktiven Gegenüber mit ruhigen Worten, was Ihnen zu schaffen macht, und fragen Sie es nach seinen Gefühlen. Warten Sie geduldig auf mögliche Erkenntnisse. Vielleicht bekommen Sie einen Hinweis darauf, wie der andere die Situation interpretiert.

Hätte er die jungsche Psychoanalyse gekannt, hätte er vermutlich weniger Sorge gehabt, dem Wahnsinn zu verfallen. C. G. Jung berichtete, dass während der Meditation oder des Träumens gelegentlich spontane Bilder entstehen, die ein Eigenleben entwickeln. Die jungsche Therapie legt infolgedessen große Betonung auf den Versuch, mit diesen positiven Ressourcen des Unterbewusstseins in Kontakt zu treten.

Was Hill mit seinen unsichtbaren Ratgebern machte, weist Ähnlichkeiten mit dem auf, was als »gelenkter Tagtraum« bezeichnet wird – mentale Bilder, die dazu dienen, mit dem inneren Führer in Verbindung zu treten. Für viele Menschen nimmt dieser innere Führer die Form einer geachteten Autoritätsperson an und auch hier gibt es eine Parallele zu Hills Erlebnissen. Wer einen solchen Tagtraum entwickelt, kann dann Fragen stellen und Antworten empfangen, deren Weisheit die bewussten Fähigkeiten des Träumenden weit übersteigen. Dieser Art von Kommunikation begegnen wir auch bei Neale Donald Walsch in seinen *Gespräche-mit-Gott*-Büchern. Vielleicht verschafft uns diese Form des gelenkten Träumens Zugang zum kollektiven Bewusstsein.

50 Erfüllen Sie Ihren heiligen Vertrag

Es klingt zugegebenermaßen etwas bizarr, wenn Hill beschreibt, wie Abraham Lincoln ihm in seinen Träumen als einer seiner Berater erscheint und ihm erzählt, die Welt werde bald seiner Dienste bedürfen, und er solle sich an die Arbeit machen und seine Philosophie vervollständigen, denn das sei seine Lebensaufgabe.

Dieser Passus wurde in einigen Ausgaben des Hill-Buches unterschlagen. Warum genau, ist nicht bekannt, aber viele würden ihn auch jetzt, rund 70 Jahre später, für bizarr halten. Besonders, wenn Lincoln anschließend zu Hill sagt, dass dieser, wenn er aus welchen Gründen auch immer seine Lebensaufgabe vernachlässige, wieder auf einen Primärzustand reduziert würde und gezwungen wäre, die Zyklen, die er während der letzten Jahrtausende passiert hätte, noch einmal von vorn zu durchlaufen.

Die Geschichte schamanischer Traditionen deutet darauf hin, dass die Kommunikation mit spirituellen Weisen über Zeit und Raum hinweg eine lange Tradition hat, wie auch die Idee, dass wir, wenn wir die uns zugedachten Lektionen nicht lernen und unseren heiligen Vertrag nicht erfüllen, dazu verdammt sind, den Weg erneut zu beschreiten, bis wir unserem Auftrag nachkommen ...

Die indonesischen Batak beispielsweise glauben, dass alles, was sie erleben, von ihrer Lebensseele *(tondi)* bestimmt ist, die in dem Versuch, sich weiterzuentwickeln und sich einer Art karmischer Schuld zu entledigen, von einem Körper in den nächsten reinkarniert. Die Ojibwa-Indianer glauben, dass das Leben eines Menschen von einem unsichtbaren Geist so vorherbestimmt wird, dass Wachstum und Entwicklung gefördert werden. Wenn jemand stirbt, ohne alle erforderlichen Lektionen gelernt zu haben, kehrt sein Geist zurück und wird in einem anderen Körper wiedergeboren – dies erinnert an die Botschaft, die Lincoln Hill in dessen Tagträumen zukommen ließ.

> Wer sich seiner Vergangenheit nicht erinnert, ist dazu verurteilt, sie zu wiederholen.
> GEORGE SANTAYANA

Der ehemalige Astronaut Edgar Mitchell gründete das Institute of Noetic Sciences, das sich der Erforschung der geistigen Kräfte widmet. Er sagt: »Wir schaffen unsere Realität, weil unsere innere emotionale – unterbewusste – Realität uns in diese Situationen zieht, aus denen wir lernen. Wir erleben dies in Form von seltsamen Dingen, die uns widerfahren, und wir begegnen den Menschen in unserem Leben, von denen wir lernen müssen.«

Praxistipp

Betrachten Sie einen Bereich Ihres Lebens, mit dem Sie unzufrieden sind, beispielsweise Ihre Beziehung oder Ihren Beruf. Zählen Sie die letzten fünf Menschen auf, mit denen Sie entweder eine Beziehung geführt oder für die Sie gearbeitet haben, und notieren Sie zu jedem zehn Persönlichkeitsmerkmale, gute und schlechte. Gibt es darunter welche, die sich bei allen fünf Personen wiederholen? Angenommen, Sie attestieren allen fünfen ein hitziges Temperament – ist das etwas, was andere möglicherweise von Ihnen sagen könnten oder gesagt haben? Wenn ja, dann ist das vielleicht Ihre Lektion.

Die meisten von uns haben ähnliche Situationen bereits erlebt, in denen wir beispielsweise einen Job aufgeben, nur um festzustellen, dass der neue Chef genauso ist wie der letzte, allerdings schlimmer und mit einem anderen Namen, oder in denen wir eine Beziehung verlassen, nur um zu erfahren, dass wir mit dem neuen Partner über exakt die gleichen Dinge streiten. In Wahrheit helfen uns diese Erfahrungen, uns selbst mitsamt unseren Fehlern klarer zu erkennen, sodass wir die Chance bekommen, Änderungen vorzunehmen und zu neuen Lektionen fortzuschreiten.

Das Erlebnis mit Lincoln beeindruckte Hill so sehr, dass er Treffen mit seinen unsichtbaren Ratgebern sofort wieder aufnahm, dort herzlich willkommen geheißen wurde und begann, eines der vermutlich einflussreichsten Bücher aller Zeiten zu schreiben.

51 Die sechs Gespenster der Angst

Hill schließt mit den sechs Gespenstern der Angst – Armut, Kritik, Krankheit, Liebesverlust, Alter und Sterben. Über die Kritik sagt er: *»Seine Furcht vor Kritik aber raubt dem Menschen jede Initiative, lähmt seine Phantasie, hindert seine Persönlichkeit an der freien Entfaltung, untergräbt sein Selbstvertrauen und stiftet noch manches andere Unheil.«*

Die Furcht vor Kritik ist jene Furcht, über die Sie die unmittelbarste Kontrolle haben, und so wollen wir uns hier auf sie konzentrieren. Hill mahnt: *»Eltern, die durch ein Übermaß an Kritik in ihren Kindern Minderwertigkeitskomplexe heranzüchten, sollten sich eigentlich vor Gericht verantworten müssen, denn ein solches Verhalten zählt zu den strafwürdigsten, die ich kenne. Arbeitgeber, die sich auf die menschliche Natur verstehen, spornen ihre Mitarbeiter nicht durch Nörgelei zu Höchstleistungen an, sondern durch konstruktive Anregungen.«*

Der spätere Oracle-Gründer Larry Ellison lebte als Säugling bei seiner Tante Lillian. Das Unglück – für Larry – wollte es, dass Lillian mit Louis verheiratet war, der stets an allem und jedem etwas auszusetzen hatte. Larrys Adoptivvater war kein freundlicher Beschützer; im Gegenteil, möglicherweise angestachelt durch seine eigene Erfolglosigkeit, fand er größtes Gefallen an den Niederlagen des Jungen. So warf Larry beim Basketball eines Tages versehentlich einen Korb für die Gegenmannschaft. Eine Lokalzeitung brachte die Story, und Louis schnitt sie aus und bewahrte sie auf, um Larry später an seine Blamage erinnern zu können. Während die Tante einen gewissen Puffer bot, nutzte Larry die beißende Kritik des Stiefvaters als Treibstoff. Er war weit davon entfernt, sich unterkriegen zu lassen; vielmehr verspürte er einen umso größeren Drang, sich zu beweisen. Und das tat er wahrlich. Heute ist er einer der reichsten Männer Amerikas und steht an der vor-

Die letzte, wenn nicht die größte der menschlichen Freiheiten: in jeder Situation die eigene innere Einstellung selbst wählen zu können.
Bruno Bettelheim

dersten Front der Internettechnologie.

Der Prediger und Menschenrechtsaktivist Malcolm X wollte als Mittelschüler Jurist werden. Er, der Vater und Mutter verloren hatte, wurde Klassenprimus. Von einem seiner Lieblingslehrer wurde ihm daraufhin eröffnet, die juristische Laufbahn »sei kein realistisches Ziel für einen Neger«. Dieser Tiefschlag veränderte sein Leben. Das Interessante daran ist, dass ihn der Juristenberuf vermutlich gerade deshalb angezogen hatte, weil er etwas verändern wollte. Indem der Lehrer ihn dazu brachte, seinen Plan zu ändern, bewirkte Malcolm am Ende weit mehr, als es ihm als Juristen möglich gewesen wäre.

Die Welt des Erfolgs und der Motivation ist voller Geschichten von Männern und Frauen, die sich Vorurteilen und Kritik widersetzt und ihre klare Zielvorstellung verwirklicht haben. Was sie verbindet, ist ihr Rückgrat. Kritik hat nur so viel Macht, wie Sie ihr einräumen. Ignorieren Sie sie und denken Sie immer daran: Erfolg ist die größte Form der Rache.

Praxistipp

Quittieren Sie Kritik mit einem freundlichen »Danke für den Tipp«. Lassen Sie sich auf keine Diskussion ein und wiederholen Sie diese Formel notfalls immer wieder. Wenn Sie so daran gewöhnt sind, mit Kritik bedacht zu werden, dass Sie sich gar nichts mehr zu sagen trauen, können Sie sich in eine schützende Blase zurückziehen. Wann immer Sie jemanden um sich haben, der Sie ständig kritisiert, stellen Sie sich vor, Sie seien ein Superheld in der Blase, und alle negativen Bemerkungen prallen an diesem Schutzschild ab.

52 Das siebte Grundübel: negative Einflüsse

Hill spricht von der Toxizität negativer Einflüsse und warnt vor diesem Gift: »*Manchmal umschmeichelt es uns in der Maske wohlgemeinter Ratschläge von Freunden und Verwandten, bei anderen Gelegenheiten wieder entwickelt es sich aus unserer eigenen geistigen Einstellung. Immer aber wirkt diese Beeinflußbarkeit wie ein schleichendes, absolut tödliches Gift.*«

Die Möglichkeit, mit einer Zuckerpille oder einer Salzinjektion von der Warze bis zum Krebs alles zu heilen, ist gut dokumentiert. Erinnern Sie sich noch an Robert Cialdini aus Idee 19? Er identifizierte sechs psychologische Grundprinzipien, die das menschliche Verhalten prägen – Reziprozität, Konsistenz/Glaubwürdigkeit, Sympathie/Vertrautheit, soziale Bewährtheit, Autorität und Knappheit. Autorität bedeutet, dass wir dazu neigen, Menschen Folge zu leisten, denen wir aufgrund ihrer Position Autorität unterstellen. Und niemand ist dafür ein besseres Beispiel als der Arzt im weißen Kittel.

Eine im Jahr 1974 durchgeführte Serie von Experimenten hat dieses Phänomen auf alarmierende Weise sichtbar gemacht. Der Psychologieprofessor Stanley Milgram zeigte, dass »Teilnehmer in einer ›Lehrer‹-Rolle bereit waren, einem um sich tretenden, kreischenden und flehenden ›Schüler‹ fortgesetzte intensive und gefährliche Elektroschocks zu verabreichen«. Milgram wollte wissen, wie weit gewöhnliche Menschen den Aufforderungen einer vermeintlichen Autoritätsperson, hier dem offiziellen Versuchsleiter, Folge leisten würden. Die vermeintlichen Schüler in dem Experiment waren in Wirklichkeit Schauspieler, was die »Lehrer« aber nicht wussten. Obgleich viele von diesen stark gestresst waren von dem, was sie taten, und den Versuchsleiter darum baten, aufhören zu dürfen, tat die Mehrheit von ihnen, wie ihnen geheißen wurde. Wenn also ein Arzt zu einem Patienten sagt: »Nehmen Sie dies, es wird

Knechtschaft ist die Unterwerfung unter äußere Einflüsse sowie unter innere negative Gedanken und Einstellungen.
W. Clement Stone

Ihnen helfen« – dann werden manche Menschen genau das tun und sich anschließend wirklich besser fühlen.

Der Heilungsprozess hängt zudem entscheidend von der Einstellung des Arztes ab. Der Placebospezialist David Sobel vom kalifornischen Kaiser Hospital berichtet von einem Arzt, der einen Patienten mit Atemproblemen behandelte. Der Arzt bestellte das Muster eines hochwirksamen neuen Medikaments und verabreichte es dem Mann, dessen Zustand sich binnen weniger Minuten in frappierender Weise verbesserte. Als der Mann das nächste Mal einen Asthmaanfall hatte, beschloss der Arzt, ihm anstelle des neuen Medikaments ein Placebo zu geben. Diesmal beschwerte sich der Patient, dass etwas nicht stimmen konnte, denn das Medikament habe die Atemprobleme nicht gelindert. Der Arzt ging davon aus, dass das erste Medikament echt war – bis er vom Hersteller einen Brief bekam, in dem dieser sich für die versehentliche Zusendung eines Placebos entschuldigte. Die einzig mögliche Erklärung lautete, dass der Arzt unwissentlich bei der Verabreichung des ersten Medikaments (von dem er dachte, dass es echt war) mehr Enthusiasmus an den Tag gelegt hatte als beim zweiten, von dem er wusste, dass es ein Placebo war.

Dies alles deutet daraufhin, dass wir uns häufig von anderen Menschen beeinflussen lassen und dass wir folglich zusehen sollten, negativen Einflüssen aus dem Weg zu gehen.

> *Praxistipp*
>
> **Erstellen Sie zwei Listen – über »Menschen, die mir Mut machen und mir helfen« und »Menschen, auf die dies nicht zutrifft«.** Ordnen Sie all Ihre Freunde und Familienangehörigen einer dieser beiden Listen zu. Markieren Sie diejenigen Personen, mit denen Sie die meiste Zeit verbringen. Externe negative Einflüsse sollten beobachtet werden, und selbst wenn sie sich nicht über Nacht abstellen lassen, sollten Sie möglicherweise bewusst mehr Zeit mit den Menschen der ersten Liste verbringen und Ihre Zeit mit den Menschen der zweiten Liste beschränken.

Zusammenfassung

Vor lauter Vertrautheit mit dem Titel übersehen wir nur allzu leicht, wie gut und bis zum heutigen Tage relevant das Buch *Denke nach und werde reich* ist.

Hill schreibt: »*Da Sie die Herrschaft über Ihren Geist besitzen, steht es auch in Ihrer Macht, diesem die gewünschten Impulse zuzuleiten. An dieses Vorrecht ist allerdings auch die Verantwortung gebunden, es konstruktiv zu nutzen. Ebenso sicher wie Sie die Macht besitzen, Ihre Gedanken unter Kontrolle zu halten, sind Sie auch der Herr Ihres irdischen Schicksals. Sie vermögen jederzeit ebenso Ihre Umwelt zu beeinflussen, zu lenken und schließlich sogar zu beherrschen, wie Sie Ihr Leben nach eigenen Wünschen gestalten können. Andererseits steht es Ihnen jedoch frei, auf dieses Vorrecht zu verzichten und Ihr Leben dem Zufall zu überlassen. Dann allerdings dürfen Sie sich nicht darüber beklagen, daß Sie von den Wellen des Schicksals wie ein Spielball hin und her geworfen werden.*«

Es gibt unzählige Beweise für die Gültigkeit dieser Vorstellungen. Dieselben Ideen tauchen in heiligen Texten sämtlicher Epochen der Weltgeschichte auf. Rund um den Globus gibt es Eingeborenenkulturen, die sie in der einen oder anderen Form kennen und sich über unsere Ignoranz wundern. Die Belege für eine Verbindung zwischen Geist und Körper sprechen eine immer deutlichere Sprache. Und dann ist da noch die neue Wissenschaft der Quantenphysik – jene Forschungsdisziplin, die uns sagt, dass auf der Ebene sehr kleiner Dimensionen ein Ozean der Potenzialität, ein Hologramm der Möglichkeiten existiert. Und dass bewusste und andere emotionalisierte Gedanken irgendwie in diesen Ozean eintauchen und jene »Ereignisse« im Leben herausziehen, die wir uns »aussuchen«. Wie ein Gedanke aus der Sphäre des Unkörperlichen ins Körperliche überspringt, wissen wir nicht. Die Welt besteht möglicherweise aus mehr Zwischenraum als aus Materie, aber erzählen Sie das mal dem Autofahrer, der gerade mit Tempo 100 in Ihr Heck gerauscht ist!

Ist die Quantenphysik real? Niemand weiß das mit Sicherheit zu sagen, aus dem einfachen Grund, weil die Beobachtung notgedrungen das Beobachtete verändert – vielleicht werden die Menschen also niemals wissen, was das Universum macht, wenn es unbeobachtet ist. Professor David Albert von der Columbia University fasst die Situation so zusammen: »Einerseits handelt es sich um eine höchst paradoxe, rätselhafte und konzeptionell verwirrende Theorie. Andererseits können wir sie nicht einfach ignorieren, weil sie das effektivste Instrument für die Vorhersage des Verhaltens physikalischer Systeme ist, dessen wir jemals habhaft wurden.«

Die Frage bleibt also: Werden alle unsere Träume wahr, sobald wir gelernt haben, unser Denken zu beherrschen? Nein, vermutlich nicht – allein schon aufgrund der Fülle potenziell widersprüchlicher Botschaften, die sich in unser Unterbewusstsein eingenistet haben. Aber werden alle unsere Träume wahr werden, wenn wir nicht lernen, unser Denken zu kontrollieren? Nein, auf gar keinen Fall!

Während es also stimmt, dass wir nicht alle Antworten haben, haben wir dennoch genug davon, um zu wissen, dass unser Denken, unsere innere Einstellung und unsere Absichten unser Leben entscheidend beeinflussen.

Wenn Sie den Menschen vor 100 Jahren vom Internet und von Telefonen, die in eine Hosentasche passen, von minimalinvasiver Chirurgie oder davon erzählt hätten, dass wir dereinst mehr über die Mondoberfläche als über die Tiefen des Ozeans wüssten, hätten sie Sie in eine geschlossene Anstalt eingeliefert. Was aber wird man wohl in 100 Jahren sagen?

Die Wahrscheinlichkeit ist groß, dass die Macht des Denkens eine unbestrittene Tatsache sein wird. Wir werden gelernt haben, unsere Gedanken als den wertvollen Schatz zu hüten, der sie sind, und wir werden vielleicht konkret nachvollziehen können, was Hill meint, wenn er sagt: »*Die Natur hat den Menschen mit nur einer einzigen absoluten Macht ausgestattet: Mit der Macht über seine Gedanken.*« Und das ist glücklicherweise alles, was wir brauchen.

Frage von Seite 43: »Können Sie alle Gegenstände im Raum benennen, die rot sind?«

Quellenhinweise

Napoleon Hill, Denke nach und werde reich,
übersetzt von Wolfgang Maier, Ariston, 17. Auflage 1988.

Nicht alle Zitate, die Karen McCreadie heranzieht,
sind in der deutschen Ausgabe enthalten.

Idee 1
- *Unlimited Power*, Anthony Robbins, S. 184
  (dt.: *Grenzenlose Energie – das Powerprinzip*, Berlin 2004).
- *Awaken the Giant Within*, Anthony Robbins, S. 287
  (dt.: *Das Robbins-Power-Prinzip*, Berlin 2004).

Idee 2
- »The Time 100 – Al Gore«, James Hansen, *Time Magazine*,
  30. April 2006.
- *Girls Think of Everything – stories of ingenious inventions by woman*,
  Catherine Thimmesh, S. 25.
- *Great Failures of the Extremely Successful*, Steve Young, S. 223.
- »George de Mestral«, http://en.wikipedia.org.
- »The Invention of Velcro – George de Mestral« von Mary Bellis,
  http://inventors.about.com.

Idee 3
- *Holographic Universe*, Michael Talbot, S. 33f., 158
  (dt.: *Das holographische Universum*, München 1994).
- *What the Bleep!?: Down the Rabbit Hole*, erw. Version, DVD, Disc 1.
- *What the Bleep Do We Know*, William Arntz, Betsy Chasse und
  Mark Vicente, S. 54 (dt.: *Bleep – an der Schnittstelle von Spiritualität
  und Wissenschaft*, Kirchzarten 2006).

Idee 4
- *Duden. Deutsches Universalwörterbuch,* 5., überarbeitete Auflage,
  Mannheim 2003, S. 13.
- *Kontrolliertes Deutsch*, Anne Lehrndorfer, Tübingen 1996.
- *Awaken the Giant Within*, S. 207, 211, 225.

Idee 5
- *Unlimited Power*, S. 51.

Idee 6
- *Holographic Universe*, S. 31.
- *What the Bleep Do We Know*, S. 92f.

Idee 7 · *What the Bleep Do We Know*, S. 93.
· *Getting Well Again*, O. Carl Simonton, Stephanie Matthews-Simonton und James L. Creighton, S. 26 f. (dt.: *Wieder gesund werden*, Reinbek 2002).

Idee 8 · »Launching a Revolution – The Start of Microsoft«, Evan Carmichael, http://www.evancarmichael.com.
· »Buffet Gives Away his Fortune«, Carol J. Loomis, *Fortune Magazine*, 25. Juni 2006.
· *Die Kunst des Krieges*, Sunzi, XI 38, in: Werner Schwanfelder, *Sun Tzu für Manager*, Frankfurt a. M. 2004, S. 243.

Idee 9 · *The 75 Greatest Management Decisions Ever Made ... and some of the worst*, Stuart Crainer, S. 30 (dt.: *Die 75 besten Managemententscheidungen aller Zeiten*, Frankfurt a. M., 2004).
· *Great Failures of the Extremely Successful*, S. 164, 268, 296.

Idee 10 · *Molecules of Emotion – The Science Behind Mind-Body Medicine*, Candace B. Pert, S. 18 (dt.: *Moleküle der Gefühle: Körper, Geist und Emotionen*, Reinbek 2001).

Idee 11 · *Holographic Universe*, S. 88, 221 f.

Idee 12 · *Emotional Intelligence*, Daniel Goleman, S. 15, 17 (dt.: *Emotionale Intelligenz*, München 2001).

Idee 14 · *The Great Game of Business*, Jack Stack, S. 1 ff.

Idee 15 · »The Heart-Centered Hypnotherapy Modality Defined«, Diane Zimberoff und David Hartman, *Journal of Heart-Centered Therapies*, Herbst 1998.
· *Quantum Healing – Exploring the Frontiers of Mind/Body Medicine*, Deepak Chopra, S. 155 (dt.: *Die heilende Kraft*, Bergisch Gladbach 2001).

Idee 16 · *What the Bleep Do We Know*, S. 89 ff., 110.
· *Getting Well Again*, S. 7.
· *Quantum Healing*, S. 26.

Idee 17 · *Flow – The Psychology of Happiness*, Mihály Csíkszentmihályi, S. 29
(dt.: *Flow – das Geheimnis des Glücks*, Stuttgart 2008).
· »Did you See the Gorilla?«, Roger Highfield, *Daily Telegraph*,
5. Mai 2004.
· »How Blind Are We? We have eyes, yet we do not see«, Vilayanur S.
Ramachandran und Diane Rogers-Ramachandran, *Scientific American Mind*, Juni 2005.
· *Did you Spot the Gorilla?*, Richard Wiseman, S. 4
(dt.: *Affenscharf! Von Geistesblitzen, guten Gelegenheiten und wie man sie beim Schopf packt*, Berlin 2004).

Idee 18 · »Jack Welch«, http://en.wikipedia.org.
· *Famous Failures*, Joey Green, S. 35.

Idee 19 · *Influence – Science and Practice*, 3. Auflage, Robert B. Cialdini, S. 139f.
(dt.: *Einfluß. Wie und warum sich Menschen überzeugen lassen*, München 1995).

Idee 20 · *Brand Royalty*, Matt Haig, S. 167ff.

Idee 21 · »George de Mestral«, http://en.wikipedia.org.
· »The Invention of Velcro – George de Mestral«.
· *Forbes Great Success Stories – Twelve Tales of Victory Wrested from Defeat*, Alan Farnham, S. 72, 74f.
· *Using Your Brain for a Change*, Richard Bandler, S. 19
(dt.: *Veränderung des subjektiven Erlebens – fortgeschrittene Methoden des NLP*, 6. Auflage, Paderborn 2001).

Idee 22 · *Forbes Great Success Stories*, S. 45f., 53, 58, 60f.

Idee 23 · *Encyclopedia of Entrepreneurs*, Anthony und Diane Hallett, S. 493.
· *Brand Royalty*, S. 192.
· *Brand Failures*, Matt Haig, S. 84 (dt.: *Die 100 größten Marken-Flops*, Frankfurt a. M. 2004).

Idee 24 · »The J. K. Rowling Story«, Stephen McGinty, *Scotsman*, 16. Juni 2003.
· *Great Failures of the Extremely Successful*, S. 35, 278.

Idee 25 · »Joe Simpson – High Flyer«, Rob Sharp, *Independent*, 6. Oktober 2007.
· *The 75 Greatest Management Decisions Ever Made*, S. 86.

- »The Mensch of Malden Mill«, Rebecca Leung, *cbsnews.com*, 6. Juli 2003.
- »The Glow from a Fire«, Steve Wulf, *Time Magazine*, 8. Januar 1996.

Idee 26
- »Jack Welch«, http://en.wikipedia.org.
- »Create Candor in the Workplace, Says Jack Welsh«, Lisa Vollmer, Stanford Graduate School of Business, April 2005.
- »The Time 100 – Vikram Akula«, Julie Raw, *Time Magazine*, 30. April 2006.

Idee 27
- Starbucks Company Factsheet, August 2007.
- »Everything you wanted to know about courage … but were afraid to ask«, Ricardo Stampatori, *Fast Company*, September 2004.

Idee 28
- »Using the Recession To Grow Your Company«, Renae Merle, *The Wall Street Journal* online.
- »The Mensch of Malden Mill«.
- »The Glow from a Fire«.

Idee 29
- »Maverick Leadership – A Radically Successful Approach to Management by Omission«, Ricardo Semler im Interview mit Christine Miller, *ReSource Magazine*, Februar 2007.
- »Who's in charge here? No one«, Simon Caulkin, *The Observer*, 27. April 2003.
- *The Seven-Day Weekend*, Ricardo Semler, S. ix, 5, 32.

Idee 30
- »The Rise and Fall of Dennis Kozlowski«, Anthony Bianco, William Symonds und Nanette Byrnes, mit David Polek, *Business Week*, 23. Dezember 2004.
- *Why Smart Executives Fail and what you can learn from their mistakes*, Sydney Finkelstein, S. 202, 227 f., 233.

Idee 31
- *Brand Royalty*, S. 165.
- *Brand Failures*, S. 111 f.

Idee 32
- »The Time 100 – Jim Sinegal«, Daren Fonda, *Time Magazine*, 30. April 2006.
- »The Time 100 – Jimmy Wales«, Chris Anderson, *Time Magazine*, 30. April 2006.

Idee 34 · http://www.malcolmx.com.
· *Famous Failures*, S. 236.

Idee 35 · »Blam! Maximum Success«, Jill Rosenfeld, *Fast Company*, Dezember 2000.
· »What's your intuition«, Bill Breen, *Fast Company*, August 2000.

Idee 36 · »Failure doesn't suck«, Chuck Salter, *Fast Company*, Mai 2007.
· »James Dyson«, http://en.wikipedia.org.

Idee 37 · *Dirty Tricks – British Airway's secret war against Virgin Atlantic*, Martyn Gregory, S. 10, 17.

Idee 38 · *Influence*, S. 50.
· *Why Smart Executives Fail*, S. 234.

Idee 39 · *Holographic Universe*, S. 60.
· *Unlimited Power*, S. 183.
· *Gesammelte Werke (GW)*, C. G. Jung, 9/I § 105.

Idee 40 · »Sexual abstinence«, http://en.wikipedia.org.

Idee 41 · *Getting Well Again*, S. 57.
· *Emotional Intelligence*, S. 166, 169.
· *Molecules of Emotion*, S. 64.

Idee 42 · *Man's Search For Meaning*, Viktor E. Frankl (dt.: ... *und trotzdem Ja zum Leben sagen*, München 2009).

Idee 43 · *Holographic Universe*, S. 11–17, 112.
· *The Heart's Code*, Paul Pearsall, S. 7 (dt.: *Heilung aus dem Herzen. Die Körper-Seele-Verbindung und die Entdeckung der Lebensenergie*, München 1999).

Idee 45 · *Holographic Universe*, S. 75, 99.
· *Quantum Healing*, S. 118.

Idee 46 · *Holographic Universe*, S. 142, 269.

Idee 47
- http://www.elmergates.com.
- *The Creativity Question*, Albert Rothenburg und Carl R. Hausman, S. 64, 66 f.
- *Psycho-cybernetics*, Maxwell Maltz, S. 81 (dt.: *Erfolg kommt nicht von ungefähr. Durch Psychokybernetik positiv denken und handeln*, Düsseldorf 1993).

Idee 48
- *Wisdom of the Ages*, Wayne W. Dyer, S. 1 ff.
- »The Time 100 – Richard Davidson«, Andrew Weil, *Time Magazine*, 30. April 2006.

Idee 49
- *Getting Well Again*, S. 198 f.

Idee 50
- *Holographic Universe*, S. 220, 223.

Idee 51
- *Forbes Great Success Stories*, S. 49 f.
- http://www.malcolmx.com.

Idee 52
- *Influence*, S. 172 f.
- *Holographic Universe*, S. 92.

Register

3M 12
20-70-10-System 60

Ader, Robert 91
Aggressionen 91
Akula, Vikram 61
Albert, David 115
Allen, James 10
Allen, Paul 24
Allgemeine Semantik 18
Allumfassende Vernunft 20, 28, 30, 51, 94, 95
Altair 8080 25
Angst 91, 110
Anständigkeit 64
Armstrong, Lance 58
Armstrong, Neil 10
Assoziationen 96, 97
Attraktivität 47
Ausdauer 80, 81, 82, 84
Autorität 112
Autosuggestion 38, 39, 40, 97

Bacon, Francis 40
Barrow, Isaac 24
Beattie, Ann 94
Bedingte Reaktionen 96
Beeinflussung 112, 113
van Beethoven, Ludwig 35
Beharrlichkeit 80, 83
Bell, Alexander Graham 74, 86
Ben & Jerry's 48, 49
Bettelheim, Bruno 110
Bewusstsein 30, 38, 39, 75
Bildung 44, 45
Bohm, David 14, 94
Boothby-Kewley, S. 90

Brande, Dorothea 26
Branson, Richard 54, 82
Bright, Grant M. 48
Brin, Sergey 44
British Airways 82
Buddha 14
Buffett, Warren 24
Burke, Jim 70, 71
Burns, Robert 35
Butler, Timothy 78

Capra, Frank 102
Caring Capitalism 49
Carnegie, Andrew 8, 44, 64, 86
Chabris, Christopher 42
Chancen 13, 43
Cialdini, Robert B. 46, 84, 112
Cohen, Ben 48
Collier, Robert 30, 38
Coolidge, Calvin 80
Cooper, Cynthia 69
Costco 72
Cousins, Norman 17
Csíkszentmihályi, Mihály 42

Darwin, Charles 103
Davidson, Richard 104
Dell, Michael 44
Depressionen 91
Descartes, René 28
Details 68
Disney, Walt 26, 83
Dispenza, Joseph 75
Disziplin 60, 61
Drucker, Peter 58
Duden 16
Dunne, Brenda 100

Durchhaltevermögen 56, 57
Dyson, James 80, 81

Edison, Thomas 83
Eine unbequeme Wahrheit 12
Eingebungen 102, 103
Einsatzbereitschaft 65
Einstein, Albert 14, 27, 51
Ellison, Larry 52, 53, 110
Emerson, Ralph Waldo 34
Emoto, Masaru 20, 21, 22
Energie 88, 89
Enron 68, 69, 70
Enthaltsamkeit 88
Entscheidungen 43, 63, 78, 79
Entschlossenheit 10, 63, 80, 81, 82, 83
Erfahrung 79
Erickson, Milton 38
Erinnerungen 94, 95
Erwartungen übertreffen 64
Expertengruppe 86

Fairness 60
Fantasie 50, 51, 52, 53
Fastow, Andrew 70
Feather, William 56
Fehlschläge 57
Feuerstein, Aaron 59, 65
Fields, W. C. 84
Finkelstein, Sydney 68, 85
Ford, Henry 44, 66
Frankl, Viktor 93
Friedman, Howard 90
Frühkindliche Prägung 76
Führende Köpfe 86, 105
Führungspersönlichkeit 58, 60, 62, 63, 64, 68, 70, 72
Furcht 110

Gandhi 10
Garfield, Charles 31
Gates, Bill 24
Gates, Elmer 102
Gawain, Shakti 106
Gebete 28
Gefühle 28, 29, 30, 32, 33, 90, 91, 92
Gehirn 98, 100
Gelegenheiten 12, 13
General Electric 45, 60
Gerechtigkeitssinn 60, 61
Geschlechtskraft 88, 89
Given, William B. 68
Glaube 28, 29, 30, 32
Global Consciousness Project Princeton 40
Glück 12
Google 26, 44
Gore, Al 12, 84
Greenfield, Jerry 48
Gruppendenken 105

Haloeffekt 47
Handeln 63
Handler, Ruth 50
von Helmholtz, Hermann 103
Hilton, Conrad 82
Himmel und Hölle 40
Holmes, Oliver Wendell 98
Humbert, Philip E. 20
Huxley, Aldous 16

Ideen 27
Illusionen 20
Informationen filtern 11
Inmon, Raymond 50
Innerer Führer 107
Intelligenz 45
International Harvester 36
Intuition 106

Jahn, Robert 100
James, Willliam 78
Johnson & Johnson 70, 71
Journalismus 74
Jung, Carl Gustav 18, 86, 107

Kaufverhalten 90
Keller, Helen 12, 35
Kennedy, John F. 10, 44
Kentucky Fried Chicken 83
Kiam, Victor 70
Kindheit 76
Klein, Gary 79
Klettverschluss 13, 50
Klopfer, Bruno 22, 23
Kollektives Bewusstsein 86, 87, 101, 107
Konditionierung 96, 97
Konsistenz 84
Kontrollen 60, 69
Kooperation 36, 37, 72, 73
Korzybski, Alfred 18
Kozlowski, Dennis 68
Krebiozen 22, 23
Kritik 110, 111

Lashley, Karl 94
Lay, Kenneth 70
Lebensaufgabe 108
Lebensumstände 34, 35
Lebensziel 10, 11
LeDoux, Joseph 32
Ledwith, Míceál 15
Leidenschaft 32
Lernen 48, 49
Lob 47
Lombardi, Vince 72

Macy, Rowland Hussey 57
Malcolm X 76, 111

Malden Mills 59, 65
Maltz, Maxwell 96
Managementstil 36, 37
Mandela, Nelson 77
Marconi, Guglielmo 27
Marden, Orsion Swett 36
Masson, Thomas L. 100
Mattel 50
Maya 20
Medien 74, 75
Meditation 104, 105
de Mestral, George 13, 50
Micro Instrumentation and Telemetry Systems (MITS) 25
Microsoft 25
Milgram, Stanley 112
Milton, John 35
Milton, Michael 34
Miner, Bob 52
Misserfolge 57, 68, 84
Mitarbeiter 37, 66, 67, 72
Mitchell, Edgar 109
Mitchell, Margaret 56
Mozart, Wolfgang Amadeus 60
M-Theorie 15
Multiple Persönlichkeitsstörung (MPS) 98, 99
Mut 58, 59, 63

Nahtoderfahrungen 101
Nation of Islam 76
Negative Einflüsse 112, 113
Nightingale, Earl 32
Norman, Mildred 22

Oates, Edward 52
Ogilvy, David 44, 60
Oracle Systems 52, 53

Page, Larry 44

Pascal, Blaise 104
Pawlow, Iwan 96
Peet's Coffee & Tea 62
Penfield, Wilder 94
Perrier 71
Pert, Candace 91, 95
Pirsig, Robert 56
Placebos 23, 28, 113
Planung 54, 55, 62
Präkognitive Fähigkeiten 100, 101
Pribram, Karl 94
Projektion 19
Puthoff, Harold 100
Pythagoras 104

Quad/Graphics 64
Quantenphysik 14, 15, 114

Radin, Dean 40
Ralston, Aron 58
Ratgeber 106, 107, 109
Regeln 60
Reichtum 61
Reize 97
Religion 28
Rhine, Joseph 100
Ring, Kenneth 101
Risikobereitschaft 24
Rohn, Jim 44
Roux, Joseph 90
Rowling, Joanne K. 56
Russell, Bertrand 62

Sanger, Larry 73
Santayana, George 108
Saunders, Harland D., Colonel of Kentucky 83
Scheitern 25, 76
Schicksal 34, 35
Schultz, Howard 62, 63

Sechster Sinn 102, 104, 105, 106
Selbstbeherrschung 60
Selbstdisziplin 92
Semco 66, 67
Semler, Ricardo 66, 67
Service 64
Sex 88, 89
Shakespeare, William 60
Sherman, Patsy 12
Shinn, George 52
Simons, Daniel 42
Simonton, Carl 41
Simpson, Joe 58
Simpson, O.J. 40
Sinegal, Jim 72
Singer, Isaac Bashevis 40
SKS Microfinance 61
Smith, Horatio 60
Sobel, David 113
Sony 50
Spezialwissen 44, 48
Spiritualität 29
Sprache 16, 17
Springfield ReManufacturing Corporation (SRC) 36, 37
Stack, Jack 36
Starbucks 62, 63
Stringtheorie 15
Sunzi 24
Sympathie 46, 47, 65

Targ, Russell 100
Telepathie 100, 101
The Great Game of Business 37
Tiller, William 21, 41
Träume 26, 27
Tyco 68

Überzeugungen 29
Unbeirrbarkeit 62

Unentschlossenheit 62
Unterbewusstsein 30, 33, 38, 39, 42, 43, 94, 96, 97
Ustinov, Peter 16

Velcro Industries 13, 50
Veränderungen 76, 93
Verantwortung 70, 71
Vergangenheit 76
Verlangen nach Reichtum 24
Verlusteskalation 85
Verständnis 66
Verzögerungstaktik 78, 79
Viagra 89
Vidal, Gore 88
Virgin 54, 55, 82
Visualisierung 30, 31, 39, 97

Wahrnehmung 18, 19, 42, 43, 75, 92
Waitley, Denis 76
Waldroop, James 78
Wales, Jimmy 73

Walsch, Neale Donald 107
Watson, Lyall 87
Watson, Tom 27
Welch, Jack 45, 60
Weltsicht 18, 19
West, Mae 46
Wikipedia 73
Willenskraft 92, 93
Winfrey, Oprah 34
Wissen 44, 45, 48
Wortschatz 16, 17
Wrigley's 54
Wünsche 30

Yogananda, Paramahansa 31

Zeitungen 74
Zellengedächtnis 95
Ziele 10, 11, 12, 13, 48, 84, 85
Zufall 12, 40, 41
Zufallszahlengeneratoren 40, 41
Zusammenarbeit 36, 72, 73